本能

性 格

裴宇晶 · 著

电子工业出版社·
Publishing House of Electronics Industry
北京 · BEIJING

未经许可，不得以任何方式复制或抄袭本书之部分或全部内容。
版权所有，侵权必究。

图书在版编目（CIP）数据

本能性格 / 裴宇晶著. —北京：电子工业出版社，2023.9
ISBN 978-7-121-46071-5

Ⅰ. ①本… Ⅱ. ①裴… Ⅲ. ①人格心理学－通俗读物 Ⅳ. ①B848-49

中国国家版本馆 CIP 数据核字（2023）第 143908 号

责任编辑：周　林　　特约编辑：李会武
印　　刷：中国电影出版社印刷厂
装　　订：中国电影出版社印刷厂
出版发行：电子工业出版社
　　　　　北京市海淀区万寿路 173 信箱　　邮编：100036
开　　本：787×1 092　1/32　印张：10.25　　字数：196 千字
版　　次：2023 年 9 月第 1 版
印　　次：2023 年 11 月第 2 次印刷
定　　价：68.00元

凡所购买电子工业出版社图书有缺损问题，请向购买书店调换。若书店售缺，请与本社发行部联系，联系及邮购电话：（010）88254888，88258888。

质量投诉请发邮件至 zlts@phei.com.cn，盗版侵权举报请发邮件至 dbqq@phei.com.cn。

本书咨询联系方式：zhoulin@phei.com.cn。

几年前我第一次见到裴宇晶时，他对九型人格的了解给我留下了深刻的印象。我非常赞同他说的"没有性格不合，只有性格不同"。他是"九型"圈子里非常勤奋的一员，并热衷于开发九型人格在日常生活中的种种应用。

本书从很多角度探索了"副型"（本能类型），包括人物素描、核心模式等，帮助我们更立体地了解三种本能类型。同时，本书通过分享故事的形式探讨亲密关系、职场关系、金钱关系、亲子关系，以深入浅出的方式对其进行分析和解读，让我们会心微笑或停下来反思。

我们在健康或压力条件下的表现和模式是一个重要的锻炼基石。"我，是一切的根源"是一个重要的定位。我很喜欢裴宇晶基于该定位的专注和坚持行为，这也是我们学习九型人格的目的。有些初学者会评论说："九型人格是把人放进盒子 / 框框里。"但是正如世界九型人格大师唐·理查德（Don Richard）所说："我们已经在盒子里了，九型人格是向我们展示打开我们所处模式的钥匙。"从本质上讲，我们在多年的实践中更接近不同个性的固有品质，并意识到我们可以超越自己的个性局限，能够在受压的状态下叫"暂停"，并在生活的不同时刻选择最有效的方式。无论是亲密关系、职场关系，还是金钱关系、亲子关系，我们可以通过自我意识和行为的调节得到锻炼的美好成果。对于学习了一段时间九型人格的朋友来说，这本书也是必读的，它可以让我们在不同本能类型的日常活动中发现自己，也可以帮我们更深入地区分九型人格的型号。

裴宇晶的这本《本能性格》既深入又易于理解，正因为如此，它是一本适合所有人的理想书籍。对于那些不熟悉九型人格的人，你可以从比较有趣味的角度去理解九型人格的力量；对于喜欢故事和应用的学习者，这本书提供了单靠理论无法获取的九型人格信息；对于我们这些已经了解九型人格的人，也为这本书丰富的应用感到高兴。这真的是一本应该放在每个人书架上的书！

熊淑宜 Gloria Hung

万浬国际培训顾问有限公司创始人

九型人格研究所认证教师

九型人格教练，ICF 大师认证教练

自 2008 年起担任国际九型人格协会中国区主席

人类所有的活动基本都来自本能的驱动。本能分为自保本能、性本能（一对一本能）和社群本能，这三种本能也对应了人类的三大欲求：食欲、性欲和求生欲。研究清楚三种本能的运作规律，对我们认识自我、提高生命品质有直接的帮助。

从人类的生命状态来看，本能的影响大于人格，因为本能的驱动力会直接作用于人的行为。所以本能理论既可以和九型人格理论完美结合，又可以独立于九型人格理论之外，成为专门探究人类行为驱动力的学问。

众多九型人格老师在教学研究中发现，这三种本能极少在人的性格中平均分布，绝大多数人会有一个主导本能。有些人会优先关注自保本能，有些人会优先关注性本能，而有些人最关注的则是社群本能。你第一关注的本能就是你的主导本能，是你的注意力和生命能量投入最多的地方。在无觉知的状态下，你会在自己的第一本能中消耗大量的时间和精力，或是直接沉溺其中，慢慢地，它就成了你的执着。而你所缺少的本能，则成为你人生中忽略的领域，变成你的视野盲区，最终让你付出较大的代价。

我认真阅读了宇晶发给我的书稿，该书详尽阐述了自保本能、性本能和社群本能这三种本能的特质。书中有大量鲜活的教学案例，以及每一种本能在生活中的优势和局限，并清晰指明了三种本能的觉察方法和成长方向。三种本能也刚好对应人类容易执着的三个方面：名、利、情。了解自己的本能对于放下执着也有非常直接的帮助：看到即是放下。

十几年来，宇晶一直在九型人格的传播和发展方面深耕细作，其认真、忘我的治学态度让人佩服。他在本能性格方面所做的研究工作和教学实践，对中国本土九型人格理论体系有了进一步的补充和完善。

这是一本在本能性格方面不可多得的好书，我相信随着本书的出版，广大九型爱好者和读者朋友一定会受益匪浅！愿更多的人从本书中获得成长，跳出自己性格模式的局限，自由自在，快意人生。

李博文

中国教育电视台《师说》栏目九型人格主讲嘉宾

国际九型人格协会 IEA 认证老师

读懂性格，让关系不治而愈

我是一位从事九型人格研究十多年的老师。十几年里我只教这一门课，我创办的公司也只研究九型人格。也许你会好奇，到底是什么力量促使我十几年如一日地研究和传播九型人格？它到底有多大魔力呢？我想先谈谈我写这本书的初心。

1. 只爱不懂，越爱越痛

我是一个透过性格解读不同心灵的"翻译"。十多年来，无论是在课堂上还是在咨询中，当我运用本能性格成功化解了无数婚恋和亲子关系冲突时，我发现本能性格对促进关系和谐具有重大的推动作用。当冲突的双方彼此"看见"、理解、懂得的那一刻，一切误解都烟消云散。我不禁感叹，如果本能性格的智慧能被普通大众掌握，也许能大大降低如今居高不下的离婚率，提升千家万户的幸福指数。这是我写这本书的初心和使命，也是核心动力。

我们常说：懂比爱更重要！实际上，懂比爱更难得。"爱"有时候是本能，而"懂"需要智慧！

在我的课堂上、咨询中，我见过太多亲近的人因为性格不同而冲突不断。他们曾经因爱相互吸引，后来却因差异相互排斥。当我们学习了九型人格体系中的本能性格，就会知道，其实谁都没有错，只是性格不同，表达爱的方式不同。越是亲近的人，付出越多，期待也越多，都觉得自己是那个受伤的人。

所以，"懂比爱更重要"。多少人不是不爱，而是不懂。只爱不懂，相爱相杀。世界上最大的痛苦也许不是生离死别，而是我为你付出一切，却让你伤痕累累；你为我牺牲一切，却让我痛不欲生。

本书所讲的知识点并不只是理论、概念，而是多少人十数年的青春，多少人百千万的损失，他们用无数血淋淋的人生教训和人生事故，告诉我们什么是自保、一对一和社群。本能的掉层、过度、压抑、不足，造成了多少人终其一生的职场之坑、婚恋之痛、亲子之伤，甚至倾家荡产……在十几年的教学中，我听了无数人的故事，越来越深刻地体会到"性格决定命运"这句古老格言的真实不虚。

谁都渴望幸福。高品质的关系，对一个人的幸福起着至关重要的作用。夫妻关系，亲子关系，和挚友、闺蜜、合伙人等这些重要的人的关系，直接影响着我们的幸福指数。我看到很多夫妻通过学习本能性格，因为懂得而和好如初；很多父母和孩子打开了多年的心结；很多曾经有裂痕的朋友、同事、合伙人，也因为懂了性格而彼此理解、敞开心扉、坦诚沟通、重归于好。

2. "看见"方能理解，理解造就和谐

如何化解关系冲突？最大的秘密就是"看见"。"看见"即能理解，理解才能和解。然而，做到"看见"并非那么容易。我们往往会对父母、爱人、孩子有很多自以为是的固化认知，甚至包括对自己，实际上，我们并没有像想象的那样了解自己和我们的至亲至爱。

每个人都活在自己的频道里、模式里，习惯了以自己的视角去看待他人和这个世界。很多时候，我们以为做到了换位思考，在为他人着想。然而，如果没有"看见"性格的差异，也只是站在自己的角度揣度他人，效果并不好。

所以，很多人，包括我们的至亲至爱，打着"为你好"的旗号做着"感动自己的事情"，如果对方不领情，就觉得很委屈。看似是付出，实则是破坏关系，因为我们没有真正"看见"对方。

那么，什么是真正的"看见"？本能类型会告诉你答案。学习了本能类型，我们会理解一个老实本分、踏实靠谱的男人为何会小气，因为他会在关键时刻拿出家底为你解决燃眉之急，他所有的小气抠门都是为了给家庭留有充足的保障；我们会理解一个整天忙于工作不回家的人不是不顾家，他是在以他的方式为家庭付出，他在社会上为家人搭建了更大的人脉资源网……每种本能类型的人都在以自己的方式对他人好，也都在以自己的方式衡量他人对自己的好。所有的误解都是源于不懂，懂得了，就会发现所有的模式背后都是基于爱。

"'看见'方能理解，理解造就和谐。"因为"看见"，所以理

解，"看见"彼此的那一刻，我们恍然大悟——"原来你竟然与我有如此大的不同""原来你是这样理解我的爱的""原来你一直很爱我"……此时，真正的理解、和谐就发生了。

3. 没有性格不合，只有性格不同

十多年的九型人格教学、咨询与研究，我总结出一句话："没有性格不合，只有性格不同。"

要完整认识自己和他人，我们需要客观中正地"看见"每一个人，包括自己。既不美化，也不丑化。每种人都是有缺陷的，而这种缺陷往往与优点关联并又是可爱的。每种人都有自己的辛苦，我们需要心怀慈悲之心去"看见"他人的"苦"。

我课堂里有位女同学，她丈夫是社群型的。在上本门课程之前，这位同学一直认为社群型的人虚假、整天无效社交、不归家，但上完课后，她更深地"看见"了社群型人的背后世界，不再把社群型人的社交方式定义为虚假，对于社群型人的不容易和辛苦有了一份心疼。那一刻，她和社群型人发生了内在的和解。更重要的是，因为这个和解，她自己的生命内部开始整合缺失的社群本能。

世界上没有两片完全相同的树叶，没有两个性格完全相同的人。我们因为欣赏彼此性格的差异而相互吸引，又因为无法接纳彼此性格的差异而相互排斥。有人说，要和相似的人在一起，也有人说，要和互补的人在一起。学习本能类型，我们会发现，没有哪两种性格完全契合，也没有哪两种性格绝对不合。两个人性格的差异，有时是互补，有时是冲突。所有的关系模式都有和谐与冲突两种情况。

例如，自保型人既是靠谱、踏实、务实、会过日子、勤俭持家的，也可能因为掉层，沦为死板、无趣、爱钱不爱人、小气吝啬、自私自利的人。

一对一型人既是浪漫、深情、满眼都是你、有趣、随性、充满活力和激情的，也可能因为掉层，沦为黏人、纠缠、无理取闹、任性、败家、让人窒息的人。

社群型人既是人脉广泛、朋友众多、温暖周到、有胸怀、有格局、大方得体的，也可能因为掉层，沦为不顾家、天天在外面鬼混、假大空、虚伪不真诚的人。

每个人身上的"光"和"影"是同在的，优点和缺点是一枚硬币的两面，在层级变化下会相互转换。我们曾经所爱的人并没有变化，他们依然美好，但他们有可能会掉层，发生"光影转换"，同时我们也可能掉层，用"影"的滤镜看别人。其实，唯一变的只是层级和视角。

学习本能类型的目的，不是帮助你找到性格相合的伴侣和朋友，而是帮助爱人、亲人、朋友，因爱而懂，理解彼此，"看见"彼此。不同性格的人只需要真正深入地相互"看见"，彼此理解，就一定能化解关系冲突，提升关系品质。

4. 自我成长，是关系改善的核心

唯有个人成长，才能促进关系和谐。自我成长，是一切关系改善的核心。

一旦深入探索自我，你会发现，本能类型既呈现了你的性格优势，也揭示了你的性格局限。在没有觉察的时候，你固有的性格模式会伴随你一生，你会一次次重复类似的经历，总是"在同一个地方跌倒"，总是因为类似的事受伤害。

学习本能类型的目的，是拓宽我们的内在心灵，超越认知模式，学会人际沟通技巧。我们只有从心灵深处看到自己和他人性格模式的差异，精准读懂不同性格所表达的爱，才能从根本上克服关系障碍。

每一次关系冲突，都是一次"回看"自我的机会。每一次情绪起伏，都能帮助我们"看见"自己性格模式的执着和偏颇之处。每一次的"看见"，都会松动固有的性格模式，转换和拓宽认知频道，帮助我们跳出被性格限制的认知，从而完成关系的整合，同时也完成自我内在的整合。

从根本上说，个人成长是关系和谐的重要前提，关系和谐是个人成长的检验。因此，这本书不仅是一本讲解关系沟通的应用书，更是讲解个人觉察的成长修行书。期待这本书能够给万家灯火的幸福以助力，给个人成长修行以启迪。

5. 本能类型的前世今生

接下来要介绍本书的"主人公"——本能类型了。那么，什么是本能类型呢？实际上它是"大九型"人格体系的重要一分子，如果说九种人格类型是一个人性格的灵魂层面，那本能类型更像性格的肉身层面，因为它基于本能。

十多年来，我专注于"大九型"人格体系的理论研究和应用实践，创立了九芒星九型人格体系。这是一个"大九型人格体系"，包括九种主型、侧翼、三种本能类型、副型、三大中心、动态迁移、健康层级等。

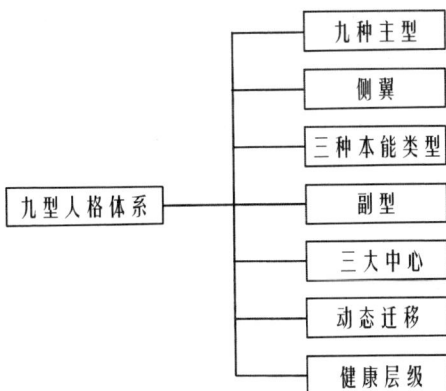

现代九型人格理论体系的创始人奥斯卡·伊查诺（Oscar Ichazo）首次提出人类有三股重要能量或本能，具体对应人类现实生活中的三个领域——自我保存、性、社群关系，即影响人类行为的三种"本能"——自我保存本能、性本能和社会本能。

后来奥斯卡·伊查诺的学生克劳迪奥·纳兰霍（Claudio Naranjo）进一步说明这三种本能之所以被称为本能，是因为它们是由"身体本能"驱动的，是个体肉身求存的三种智慧能量，"生存、快乐与关系"分别对应着自保型、一对一型和社群型。

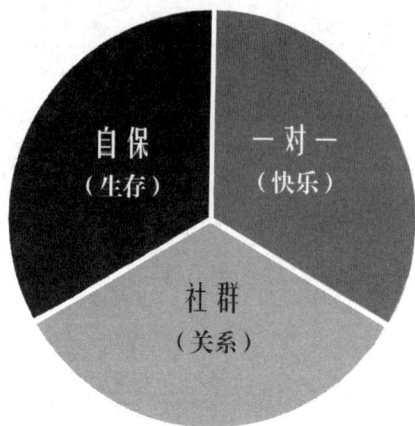

自保（生存）
一对一（快乐）
社群（关系）

世界九型人格大师唐·理查德（Don Richard）和拉斯·赫德森（Russ Hudson）认为："自保、一对一和社群这三种本能类型乃是人类机体天生的自然能量或冲动的象征。认识三种本能对于了解人的性格是非常重要的，因为这三种本能的驱动力会对我们的性格产生深远的影响。"

另一位世界九型人格大师海伦·帕尔默（Helen Palmer）认为："三种本能分别对应着三种不同的焦点：自我生存、社会关系及情感关系。自我生存涉及个人的生存，社会关系反映个人与集体、与他人的关系，情感关系则专注于一对一的人际关系和情爱关系。"

因此，三种本能的不同注意力分支导致了我们在处理自我生存、社会关系及情感关系时的不同，对我们的人际关系有重大影响。

九型人格大师们之所以研究三种本能类型，是为了更精确地描绘九型人格，伊查诺和纳兰霍将三种本能类型和九种主型结合，提出了27种副型，丰富和完善了九型人格体系，使九型人格对人性的描绘更加精准。

正如唐·理查德和拉斯·赫德森在《九型人格——了解自我、洞悉他人的秘诀》一书中指出的："关于本能类型的文献材料很概括，有时还充满矛盾，到目前为止，还没有形成连贯的理论体系。因而，我们没有投入太多的时间和精力去探究它们，但我们对它们可能存在的有效性已经深信不疑，并希望能在不久的将来更充分地探讨它们。"

世界积极九型人格专家苏珊·罗德斯（Susan Rhodes）在《积极的九型人格》一书中提到，目前本能类型的术语还不统一，有的叫"副型"，有的叫"本能变体"或者"本能副型"，她则称其为"副型领地"。综上，我们在这本书中称其为"本能类型"或者"本能性格"。

因此，可以说，独立于九型人格的本能类型研究在世界范围内还并不充分和成熟，然而三种本能类型无论在识别性和应用性上都比九种人格类型更有优势，并能快速地研判人们的工作、生活、关系和个人成长。因此非常有必要对三种本能类型做进一步系统的研究。

尽管三种本能类型的理论早已存在，然而人们基本上都是探讨三种本能类型和九型人格结合产生的27种副型。九型人格资深爱好者都知道27种副型，却对与九型人格构成27种副型的三种本能类型知之甚少。

实际上，自保、一对一、社群这三种本能类型是一个相对独立的分类体系，可以完全独立于九种人格类型单独探讨。目前国内外关于三种本能类型的理论与应用研究还相当不充分。因此，这本书把"三种本能性格"作为独立模块，进行了理论性、系统性、应用性的研究。本书是目前中国第一本专门探讨"本能性格"的书，填补了中国九型人格副型领域研究的空白。

十年来，我带领九芒星九型人格的老师们持续观察、甄别、探究三种本能类型在关系、工作和日常生活中的差异，在婚恋、职场、亲子、金钱等应用场景和领域做了大量艰辛的探索，逐步形成了一整套基于三种本能类型的实战应用体系，能够更精准、高效地支持人们的亲密关系、亲子关系、职场发展及个人成长。

以上是我想通过这本书奉献给大家的成果。我相信这本书会是一个里程碑，是让本能类型这一理论发扬光大的开始。

在正式的旅程开始之前，先一起初步探索一下你的本能性格吧！

以下三处场景中，你会倾向于哪一种？

你来自哪个本能星球？

——测测你的本能性格

本能性格类型涵盖了一个人的三种生存本能，这三者的比例决定了一个人的能量状态和个人气质哦。让我们来测试一下自己的本能性格吧！

请在下列 10 道题里选择，最符合的项记 2 分，次符合的项记 1 分，最不符合的项记 0 分。记好你每个问题里 A、B、C 三个选项的分数，最终我们算分是需比对三个选项各自的总分哦！

1 下列哪组特征最符合你自己或他人对你的评价？（最符合的 2 分，次符合的 1 分，最不符合的 0 分）

A. 勤奋专注、务实踏实、稳定持久。

B. 创意四射、想象丰富、不拘一格。

C. 审时度势、顾全大局、社会责任。

2 以下哪组词语最接近你的生命状态？（最符合的 2 分，次符合的 1 分，最不符合的 0 分）

A. 独处、温馨、舒适。

B. 新鲜、刺激、有挑战。

C. 合作、社交、服务集体。

3 对于"家"，你倾向于认为：（最符合的 2 分，次符合的 1 分，最不符合的 0 分）

　A. 家是我舒服的小天地。

　B. 家是爱的亲密空间。

　C. 家是短暂休憩身心的驿站。

4 在下列哪种情况下，你的做事效率最高？（最符合的 2 分，次符合的 1 分，最不符合的 0 分）

　A. 自己一个人独立做事。

　B. 和一个彼此吸引的亲密搭档一起做事。

　C. 和一大群小伙伴一起做事。

5 回顾你的日常生活和工作，你的精力总是容易聚焦到什么方面？（最符合的 2 分，次符合的 1 分，最不符合的 0 分）

　A. 工作生活中的实际层面。

　B. 打动我的人，激动人心的事。

　C. 集体组织的各项活动。

6 在你状态不好、能量较低时，下列哪种情况能够让你快速恢复精力，满血复活？（最符合的 2 分，次符合的 1 分，最不符合的 0 分）

A. 一个人静静待着，吃点好吃的，睡在舒服的床上，做做按摩保健，计算一下最近的收入，盘点一下自己的资源，做点自己感兴趣的事。

B. 和亲密对象（或我欣赏、喜欢的人）深度交流，或者做户外旅行、看电影等让我觉得很刺激、新鲜、有感觉的事。

C. 参与一个志同道合的团体的聚会及活动，并且我可以发挥影响力和话语权，得到一群人的认可。

7 在职场中，你最喜欢的工作环境是：（最符合的 2 分，次符合的 1 分，最不符合的 0 分）

A. 有利于我完成工作任务。

B. 能大大激发我的灵感和创造力。

C. 能有助于团队协作和团队建设。

8 如果你有一个好朋友，你最倾向于这样相处：（最符合的 2 分，次符合的 1 分，最不符合的 0 分）

A. 彼此独立，有界限，会给予实际的帮助和支持。

B. 深入促膝畅谈，分享内心秘密。

C. 邀请他一起参加各种活动。

9 如果你参加一个聚会活动，你通常容易关注到的是：（最符合的 2 分，次符合的 1 分，最不符合的 0 分）

A. 认识的熟人、舒适的位置。

B. 看起来有趣、有吸引力的人。

C. 与陌生人联络交际的机会。

10

总体来说，你所关注的人生焦点是：（最符合的 2 分，次符合的 1 分，最不符合的 0 分）

A. 关注生活的有序、稳定和保障，喜欢独立及自给自足，与他人保持明确的界限，依靠自己，独来独往，喜欢储存资源，担心资源短缺，确保万无一失。

B. 关注亲密关系的深度，喜欢深度交流与产生共鸣，喜欢新鲜刺激的个人体验，挑战尝新让我兴奋和充满激情。

C. 关注社会、团体、圈子的潮流、趋势及动态，关注我在群体中的位置和归属感，崇尚合作共赢，在意公平平等。

好了，做完了吗？分数都记下来了吧。看看你的 A、B、C 各是几分，解读一下你的测试结果吧！

说明：每种本能性格得分在 0 到 20 分之间。如果某个本能性格得分在 15 分以上，则表明测试者该本能性格特征显著；得分在 18 分以上，则表明该本能性格特征非常显著；而如果某项本能分值在 5 分以下，则表明欠缺某个本能性格，我们称之为"缺本能性格"。

A 选项分最高：恭喜你哦！你可能属于自保型人！

自保型人给人的感觉微微有点冷，乍一看会觉得有点距离感，不是很热情的那种。他们的眼神常常是淡淡的，有点疏离，好像隔着一层什么东西。他们的注意力焦点常常在具体的事务上面，喜欢做实事，研究技术细节。他们对于衣食住行、生存环境比较重视，也喜欢钻研技术，常常可以成为专家。

B 选项分最高：恭喜你哦！你可能属于一对一型人！

一对一型人给人的感觉是冰火两重天，他们是三种本能性格中最神经质的一种。他们的情绪是跳跃的，两极震荡。对人也是一样的。对于喜欢的人，热情如火；对于不喜欢的人，表情和眼神能分分钟"杀死"对方。有时候十分犀利，不留余地。他们是三种本能性格中最看重人，也最重情感的，很多荡气回肠、充满爱恨情仇的传奇故事，都来自一对一型人。

C 选项分最高：恭喜你哦！你可能属于社群型人！

社群型人给人的感觉就不像一对一型人那么尖锐，他们就像和煦的春风一样，暖暖的，令人舒服。他们仿佛永远嘴角上扬，给人一种亲切的感觉。但这种亲切的感觉之中，又带着一点点距离感。他们喜欢蜻蜓点水式的问候和交往，点到为止。社群型人更注重集体和大局，他们会关注到集体和场合中的每一个人，也十分在意自己在团队中的声誉、位置和角色。

盲点本能解读

什么是一个人的盲点本能呢？就是你三个选项中得分最低的那个，那就是你最缺的本能，我们一般称为"缺本能型"，这也是常常带给你困扰和局限，你最不擅长、难以发挥，以及最让你消耗能量的那个本能。

A 选项分最低：你可能是缺自保型（也叫热情交际型）

你总是着眼于一些"大事"，不把衣食住行这些小事放在眼里，也不太注重自身技能的培养。要知道，不是任何事情都可以花钱让别人解决的，要学会保持人际关系界限，培养一技之长，关注自己的身体和财务状况。不要飘在天上，接接地气。宏大的梦想和项目计划需要精细的规划、量入为出的预算和持之以恒的努力！

B 选项分最低：你可能是缺一对一型（也叫务实责任型）

你总是不说废话，按部就班地完成任务。也许你实际上为别人做了很多，但是由于缺乏情感的交流和表达，常让人觉得隔离和生疏。一成不变的生活也许会让人感到有些枯燥和乏味，不如多一点变化和尝试，多些惊喜和新意，让生活变得更加有趣。

C 选项分最低：你可能是缺社群型（也叫专业创意型）

请觉察你的恃才傲物。你总是崇尚凭个人能力和本事吃饭，不靠关系，但这恰恰会限制你的发展。适度拓展人际关系，可以帮助你得到更多更好施展才华的机会和平台，让你更充分地发挥聪明才智。同时，团队合作也可以大大减轻你的负担。如果什么事都亲力亲为，那就真的太累了。学会信赖他人吧！

注意：尽管一个人的本能性格是相对稳定的，但这套测试结果会受测试时的个人状态和环境的影响。更准确地说，这套测试是用来衡量你当下某一刻的本能性格结构的。一旦你的人生状态有变化，测试出来的本能性格分值甚至排序会发生变化，这并不意味着你的本能性格发生了改变，而是反映了当时状态下的本能特征。因此，你需要深入阅读本书并对自己进行深入反思、觉察，以更加准确地把握自己的本能性格。

第7章

本能类型的健康层级

第8章

如何应对本能过度与缺失

第 1 章

人人都有
三种本能

三种本能类型分别对应哪三种本能

所谓"本能"，顾名思义，就是"本来就能"，是天然的、不需要后天习得的能力，是一种来自生命本源的能力。本能是人类和动物所共有的。人的自保、一对一和社群这三种本能分别对应着动物的筑巢求存、物种繁衍和群居协作三种本能。

自保
（筑巢求存）　　一对一
（物种繁衍）　　社群
（群居协作）

自保本能只能确保动物个体生命的稳定和保障，然而，每个物种都有寿命的限制，如果没有繁衍，那物种也就消失了。

一对一本能也叫性本能，动物有求偶行为，它们把自己打扮得更有魅力，吸引异性，比如孔雀开屏、天堂鸟跳求偶舞等。性本能（一对一本能）主导的人会让自己变得更有特色，更有吸引力，散发出一种无法抗拒的诱惑力。

有自保本能，动物安全了；有性本能，动物可以繁衍。但动物们还需要建立团结的族群，群居和进行群体活动，比如集体南飞的大雁、协作搬运的蚂蚁，它们形成了一个个群体，实现了个体、家庭无法完成的合作。远古人类形成部落、文化、风俗、制度，就是最早的社群本能的体现。大家联合起来抗击外敌，抵御自然灾害，让族群更好地存活下来。社群本能也是为了生存，是通过协同、协作，把所有的资源和力量整合在一起。

人人都有三种本能，只是比例和排序不同

可以想象一下，每个人的本能排序结构像一个一分为三的蛋糕，其中最大的那块蛋糕就是主导本能类型，也称为第一本能类型，次大的那块蛋糕则是第二本能类型，最小的那块蛋糕则是第三本能类型（缺本能类型）。

每个人都有三种本能

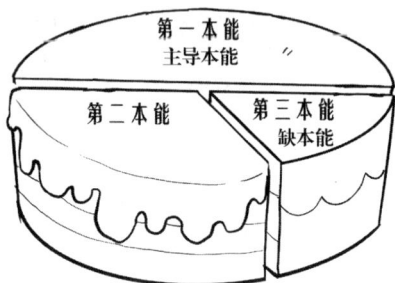

    在阅读本书的过程中，你可能会迷惑你似乎不是单纯某一种本能类型，这是非常正常的。我们每个人的确是三种本能都有，只是排序差异和比例不同。三种本能按先后次序，总共会形成六种本能排序。

    如果你有两种本能类型都比较明显，我们称之为"双本能"，那么你一定会对两个类型的描述都有强烈感觉，并呈现两个类型人的特点。三种本能是按顺序满足的，优先第一本能，但在第一本能无法满足的情况下，会强烈呈现第二本能的特征，这是一种"次位代偿"效应。这种效应可能会带来辨析上的误区。

    举一个例子，假设某一个人有 55% 的自保本能和 40% 的一对一本能，他的本能排序是自保／一对一／社群。尽管他是自保型人，但也会明显呈现一对一型人的特点，他的内在也常常有自保和一对一的本能冲突。同时，在自保本能难以满足的情况下，会以一对一这个第二本能来代偿。比如，他们在身体不舒服、疲惫不堪、工作压力大或无法独处充电的时候，可能会变得黏人或寻求激情、刺激。

本书主要讲述第一本能（主导本能），并在最后略微讨论容易被忽略的第三本能（盲点或缺失本能），暂不涉及第二本能，也不讨论本能排序。这是一个更为宽广、深入的主题。如果有双高本能的人无法辨析自己哪一个本能占主导，也是正常的，需要更为深入的觉察和学习。期待将来有更专业、细致的著作出版。

影响本能性格的其他因素

本能类型在一个人身上的具体行为表现，有可能会受到国家、地域、性别、年龄的影响。例如，在强调集体的文化里，很多不是社群本能主导的人也会体现出比较明显的社群类型行为，但这与他们的本能仍然是存在内部冲突的，需要更多地去进行自我调适。

同时，性别角色也会一定程度上影响个体的表现。例如女性通常更关注情感，在恋爱中会更多地体现出一对一本能行为；男性通常更关注务实层面，在关系中更容易体现出自保本能行为。但行为不代表他们的本能类型，需要个体做更多的自我觉察，特别是在关系冲突当中去深度"看见"自己。

另外，年龄会影响个体的成熟度。相对而言，儿童、年轻人会更容易彰显出自己的本能类型，而年长的人因为社会阅历的丰富和成熟度的提升，在本能类型行为的表达上会更加内敛。

本能不同，常有分歧

本能类型在人与人的关系中扮演着极其重要的角色。不同的本能类型代表不同的价值取向。相同本能类型的人往往有着非常类似的价值观，能够彼此理解，沟通上更容易同频；不同本能类型的夫妻、恋人、亲子和朋友之间更容易发生冲突。

以本能类型应用最广泛的婚恋关系为例，同类型夫妻的婚姻观念比较相似，彼此容易相互理解，相处会比较融洽和谐。

然而人生往往不会如此简单设置，大多数人还是选择了不同本能类型的人作为伴侣，因为生命渴望成长和平衡，人生如同一场"修行"。

我多年的亲密关系及家庭关系的咨询经验表明，从本能类型差异的角度解决家庭关系冲突，往往能起到"四两拨千斤"的作用，收到立竿见影的效果。

你对下列场景熟悉吗？其实这些冲突都是本能性格不同惹的祸！

另外，相同本能性格的人发生冲突，可能多与需求不同有关，而不是产生了对对方本能的误解。例如，两个自保型人作息不同、生活习惯不一致会带来冲突；两个一对一型人可能会因为对某个人、某个事的好恶不同而产生分歧；两个社群型人也可能因为坚持不同的"三观"产生对立。但这些冲突产生的原因不是本能类型本身带来的，主要取决于个人需求。因此本书不做展开。

健康层级：如何平衡三种本能，成为"三栖明星"

本能类型对个人成长也有深远价值，这种成长主要体现在三种本能的整合平衡程度以及本能类型的健康层级两个方面，二者视角不同，但密切相关。

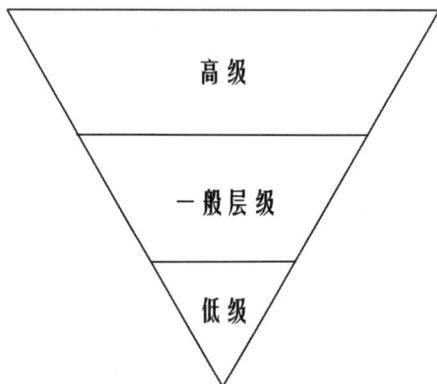

高级

一般层级

低级

人人都可以是"三栖明星"——三大本能的整合

如前所述，一个人的本能排序决定了他的本能偏重。人们往往会过多关注排序第一的本能，而忽视排序最末的本能。第一本能是一个人性格的天赋优势，而盲点或缺失本能则是天生局限。

每个人都习惯于用第一本能的方式应对世界，却总是在盲点本能领域遇到麻烦。例如：自保本能排序最后的人往往在细节、计划上"掉坑"；一对一本能排序最后的人往往在亲密关系上出问题；社群本能排序最后的人则容易被误解为是没礼貌、不懂事的人，被团体边缘化。

三种本能对每个人的发展同等重要，缺一不可。我们可以理解为一个三脚凳，三条腿分别是自保、一对一和社群，任何一条腿的缺失都会导致三脚凳处于失衡状态。

因此，个人成长其实就是不断修行以使得三种本能逐渐平衡的过程。透过对本能类型的觉察，我们可以检视本能的过度和不足，成长为三种本能整合的"三栖明星"！

成为三栖明星

本能类型有高低健康层级

三种本能类型没有谁更好、谁更差，但每种本能类型也有更佳状态和更差状态，这就是本能类型的健康层级。

健康层级是衡量一个人本能类型健康程度的指标。比如有更高成熟度的自保型人、一对一型人、社群型人。本能类型不会因为我们的成长而发生改变，但会发生健康层级的提升和下降。

所以，健康层级是本能类型的纵向划分。当一个人层级高时，往往能发挥出本能类型的优势，让人生更加顺利、成功、幸福；层级低时，常常会呈现出本能类型的劣势，让人生陷入困境甚至灾难。

没有永远的健康或者不健康，层级状态每天都会上下起伏波动。

同时，对于健康层级较高的人来说，三种本能都会比较均衡和适度，他们就像"三栖明星"，可以自由使用三种本能。而在健康层级不够高的情形下，三种本能会出现明显的失衡，会过度使用第一本能而压抑第二本能和第三本能。

在阅读本书的时候需要对比你自己的个人状态，区分自己的健康层级，这部分我们将在本书的第7章——本能类型的健康层级中详细讲述。

第 2 章

三种本能
类型的特点

自保型人以"事"为先，为"事"托底，

一对一型人以"情"为先，为"情"托底，

社群型人以"场"为先，为"场"托底。

自保型人的"保障""托底"，

一对一型人的"忘我""纯粹"，

社群型人的"适应""格局"。

自保型人踏实稳重，像一座座彼此独立的小山，

一对一型人像休眠或者喷发的火山，

社群型人像绵延不绝的山脉。

自保型的"小帐篷"：以"事"为先，为"事"托底

自保型人素描

你的身边，有没有这样一群人？

他们追求个人独立，注重一技之长。

他们踏实靠谱，注重做事的品质和结果，总是把事落实到位，帮人帮到实处。

他们总是一开口就谈事，太实在，显得不解风情。

他们需要大量个人空间，与人总有一种距离感，仿佛随身自带无形"小帐篷"，哪怕和恋人也要"亲密有间"。

他们凡事有计划，不想变来变去。

他们常有生存焦虑，喜欢存钱存物，车里有油、手机有电、

卡里有钱，才能感觉安全、踏实。

他们量入为出，精打细算，为家人提供物质保障和生活照顾，常是为家庭托底的"保险柜"。

他们杜绝浪费，把钱花在刀刃上，追求高性价比。

他们认为平平淡淡才是真，用尽一生的努力追求稳稳的幸福！

他们就是自保型人，一群在物中滋养、独处中充电、做事中付出的实干者。

自保型核心模式

1. 核心欲望

致力于保障个人和家庭生存的安全、稳定、有序，合理满足衣食住行、工作学习、成长发展等生存需求，让生活有一个稳固的基石。

2. 核心恐惧

时间、精力、金钱等资源不足，无法保障健康与安全；无法交付工作成果，完不成个人责任和计划；工作及生活环境变动、不稳定，无法应对；切身环境不舒适等。

3. 注意力焦点

与生存的安全和保障相关领域——个体独立性、个人空间、个人价值、工作、收入保障、学习、金钱存储及财务预算、实用知识和技能储备、衣食住行的安排、身体健康、对家庭和家人的责任、身体舒适度、切身的物理环境等。

走近自保型人

自保型又称为自我保存型，是一种保障自我生存的本能。自保型人倾向于自力更生、勤俭、实在、率直，相对内敛，通常不是那类闪亮、吸引眼球的"有趣的人"。

自保型人特点	关键词
储存	储藏、节约、物尽其用、杜绝浪费、有备无患
实用方便	务实、耐用、舒适、可操作性、就事论事
独立/界限	独处、个人空间、自力更生、"帐篷"
计划	规划、预算
安全保障	托底、家庭"保险柜"
稳定	习惯、持续、有序、固定、拒绝变化

◆ 储存

关键词：储藏、节约、物尽其用、杜绝浪费、有备无患

储存是自保的本能，是为满足不时之需，比如当下即刻需要喝到水、填饱肚子、拿到纸巾等。

"有时候我包里会放点饼干等零食，饿了随时都可以吃一点。"

自保型人希望一切都有备无患，这可能导致五花八门的过度存储：存钱、存食物、存螺丝钉、存本子和笔、存杂志、存塑料袋，甚至存门票、存玻璃瓶、存布娃娃等，手机里的照片和信息也倾向于全部保存，不轻易删除，已坏手机的充电线、包装盒也习惯性留着，家里的米、油、盐、纸巾等生活用品要确保随时充足。家人常因无用物品占据了太多的空间而抱怨，但随意扔他们存储的东西就是在"踩他们的雷"。

"我大学毕业后就一直有存款，哪怕我一个月的收入只有100块钱，我也要存钱，因为我要有一个保障。只要我有存款，无论发生什么样的事，我都觉得不是太大的事，否则我会觉得不安全。"

为什么自保型人要存这么多东西？根本上源于对资源不足的担忧，也有对旧的物品本身所寄托的感情。在他们看来，东西是东西，人是人；物品比人更稳定、可靠、可控；他们与物的连接与人无关。他人可能会误解自保型人"重物轻人"。

"我一直保留着前女友送我的水杯，现女友很介意，其实并非我忘不了前女友，而是因为这个水杯我已经用习惯了，也很方便。好好的杯子扔了挺可惜的。"

此外，自保型人勤俭节约，东西用旧了也不想换，因为习

惯了，有感情了。不少自保型人还擅长修理东西。东西坏了第一时间不是想着马上去买，而是看看可不可以修好？并非因为他们的经济条件不允许买新的，而是缝缝补补、敲敲打打对自保型人来说也是一种独特的享受和乐趣。

自保型人的存储不仅仅是存储物质、金钱，还包括存储时间、精力、技能等。他们还杜绝浪费，无论浪费自己的还是别人的，都会很不舒服。点的饭菜刚好吃完，带的物品刚好用上，都是他们幸福的小确幸。

"我不是舍不得给孩子买贵的，我就怕她浪费。比如她想吃一种很贵的面包，我当时给她买了，但她吃了一口就不吃了，我就很生气！"

◆ 实用方便
关键词：务实、耐用、舒适、可操作性、就事论事

自保型人很在意实用性，他们致力于满足实际需求。例如买东西要耐用、舒服、健康，外观形象是否漂亮或者高大上并不很在意。如果你要送他们礼物，最好是他们正好需要的。无论贫富，他们都要把钱花在刀刃上，有时候被认为小气、抠门。

"我缺一副耳机，过生日朋友送了一副，我特别开心！另一个朋友送了钱包，我已经有一个了，反而觉得没必要。"

自保型人并非一味节约，事关长期生活质量的生活必需品，他们会在自己经济能力承受范围之内追求高品质，当然他们依然非常强调性价比。

"我在商场看上了一件2000元的羊毛衫，我自保型老公觉得不值得，在网上花400元给我买了一件一模一样的。"

自保型人的实用导向还体现在做事上，他们注重实际落地的可操作性和执行细节，而非停留在概念、空想里。他们是活在因果逻辑里的人，要具体细化到"最后一公里"。

自保型人就事论事，喜欢做实事，解决实际问题，与人沟通缺乏情感铺垫，直接说事，让人觉得只有"事"没有"人"。对待家人、恋人，他们不善于说甜言蜜语，会给以贴心、精准的照顾，常说"吃的啥""早点睡""不要久坐"等日常生活化的关心话语。

同时，自保型人非常关注舒适度和方便性。他们躺着的地方必须很舒服，可以随时拿到需要的东西，这就是他们舒适方便的小天地。

"我的卧室里，床旁边放着桌子、台灯、书、垃圾筒、纸、水杯、充电器、电源……我喜欢随手就可以拿到书，随手就可以关灯，不用挪动身体。"

独立 / 界限

关键词：独处、个人空间、自力更生、"帐篷"

自保型人有很强的个人界限感，需要比较多的独处空间和时间，喜欢一个人在自己的小世界里做自己喜欢的事，无论是工作、学习，还是娱乐、放松、发呆，都不希望被人打扰。他们就像随身带着无形的"小帐篷"，即便是亲密关系也要"亲密有间"。

"我经常把房门关上，和老公说我要加会儿班，实际上只是想自己待一会儿，看点自己喜欢的书。"

自保型的三口之家往往会有这样的场景——妈妈在客厅看电视，爸爸在房间看书，儿子在自己的房间做手工。三人在一天之内除了必要的交流外，都在自己的小世界里各做各自的事情。

"不要动我的东西！"

自保型人对物品有领地意识，摆放有自己的习惯。有时候家人在没有打招呼的情况下贸然帮他们整理，反而会使他们因在习惯的位置找不到东西而生气。

"我男朋友是自保型的，我擦桌子时移动了一下他的水杯，也就一米远，他转个头就能看到，非说找不到，还怪我！"

他们的东西哪怕坏了、用不上了，别人也不能随便处理，否则他们就觉得边界被侵犯了。他们对自己领域的边界感很强，比如强调"我的房间""我的书桌""我的办公室"，等等。"我的是我的，你的是你的"这种区分会让其他类型的人感觉生分，不舒服，但实际上这只是他们的一种领地意识。自己的空间必须在自己的掌控之中，不希望他人干涉。

自保型人认为每个人都应该是独立的，都有自己的生活且都应该先照顾好自己。他们一般会先做好自己分内的事，才会考虑帮助他人，他们认为管好自己的"一亩三分地"，这是最基本的个人责任。所以有时候会被家人误解为"自私""自顾自"。然而他们是三种本能类型里最自力更生的。他们不给别人添麻烦，依靠自己会让自保型人有安全感。

◆ ◆
计划
关键词：规划、预算

计划是自保型人的本能反应。小事有计划，大事有规划，凡事都会心中有数。大件消费、旅行、家庭开支、事业发展等都有规划或预算，自保型人的计划遍布他们的日常生活小事，脑子里都会自动安排好。

"我有一次在一个微信群里发了 200 元红包，有人喊'我没抢到，再来一个'，我就有点不开心，因为这是计划好的事。"

"我计划花 3000 元买衣服，就一定会控制在预算内，绝不超支。如果没计划买，不管别人怎么推荐，我也不会买。"

所以，擅自改变和打乱自保型人的计划会让他们抓狂。比如你晚上有事要外出却没有提前说，或者临时改变了行程，都会让自保型人不满，因为他们只能被迫临时调整计划，浪费时间和精力。

如果自保型人不做完计划中应该做的事，心里就很难放松，总是惦记着计划中的未完成事件，被计划所控制。

"我是自保型人。儿子比较随性。每到周末，我希望儿子能先做完作业再尽情地玩，但儿子总是先放飞自我，玩得很疯，一直到了星期天晚上临睡前，才说自己还有作业没有做完，我会顿时火冒三丈。"

◆◆◆

安全保障

关键词：托底、家庭"保险柜"

自保型人常觉得生存是艰辛的，祸福难料，也随时可能出现"窟窿"，因此保障个人和家庭安全是重要的事。他们所追求的安全保障就是一个人活着所需要的各种保障——身体健康、经济保障、技能在身等。

除了自己的安全，自保型人还要做"家庭保险柜"，不断开源节流，以应对未来可能发生的失业、破产、孩子收入不好、父母年老病重、自己养老、买房等人生重大问题。

"我儿子做生意需要10万块钱周转，我没给他，觉得他做事不脚踏实地，这钱给他可能再也拿不回来了，得给他攒着点，等他结婚买房子的时候，该给多少给多少。"

自保型人的付出是"给我能给的，给你必需的"。他们的支持与付出，更多是雪中送炭，而非锦上添花。一旦他觉得家庭或重要的人遇到了重大事件，就会把自己多年的积蓄一下子拿出来。这往往是自保型人的高光时刻，家人一定会对这个平常"抠门"的自保型人刮目相看！

"我爷爷生病，我第一时间给我爸打钱；我姥姥生病，我也第一时间给他们打钱。我害怕他们到了医院钱不够，因为我家一直家境普通，我特别担心家人去医院之后面对高额医药费的无能为力。"

稳定
关键词：习惯、持续、有序、固定、拒绝变化

稳定、可持续是自保型人的核心诉求。自保型人最害怕朝不保夕、居无定所的生活，接受不了忽上忽下，忽贫忽富的人生。他们本能地抗拒改变，总是要竭尽全力地避免各种可能的"失控"，追求"永续可行，有序增长"。

"我去找工作会关注底薪和实际能确保拿到手的，我也会努力创造高绩效赢得更高奖励，但我需要有一个保底。"

自保型人如果创业、投资，倾向于保守，"求稳不求大"。他们不追求过高的利润，见好就收。当面对外界的诱惑和机会时，第一反应是先保持距离，然后再做选择。他们认为唯有不"贪"才能确保稳定，这种对"贪"的遏制本质上是对"失控"的恐惧。他们不相信一帆风顺的人生故事，更愿意相信玫瑰花下面的荆棘、成功路上的曲折；他们不相信"虚无的梦想"，更相信具体的实践。即便幸运中了 500 万元大奖，他们可能还会继续工作。

"靠天靠地，不如靠自己的勤奋努力。天上掉馅饼都是会砸破头的。"

自保型人也不喜欢变化。比如一直用某个电脑操作系统

或者用某种软件做表格，就不太愿意更改，除非十分必要，这会被吐槽"太死板"。

同时，自保型人一般都有固定生活习惯，很难更改。比如他们去饭店、理发、健身可能很多年都不换地方，这主要是为了确保食物及服务的品质，好像换了一家就有了某种风险。

"我每天习惯性地有一套固定的吃饭、散步、睡觉的小流程：先如何，再如何。我家里其实有好几个沙发可坐，但我习惯坐其中的某一个，每次都只坐那一个。"

这种对改变的抗拒会让自保型人失去更多的尝试和可能性，因此，弹性和应变是他们成长的修炼功课。

> 自保型人最在意能力和努力，
>
> 一对一型人最在意魅力和才华，
>
> 社群型人最在意三观和格局。

怕失业

怕失恋

怕失阶层

自保型人怕没饭吃，

一对一型人怕没感觉，

社群型人怕没人脉。

一对一型的"感觉"：以"情"为先，为"情"托底

一对一型人素描

你身边有没有这样一群人？

他们喜欢的人和事在哪里，能量和状态就在哪里。

他们爱情至上，渴望遇见那个"对的人"，成为对方心中唯一的偏爱和例外，共度一生二人三餐四季的浪漫。

他们要的不是平凡、简单，而是有滋有味、有声有色、丰富多彩。

他们好恶分明，也特色鲜明，喜欢的人很喜欢，讨厌的人很讨厌。

他们有感觉时如有神助，没感觉时"半死不活"。

他们有"说走就走"的潇洒，有"世界那么大，我想去看

看"的冲动。

他们生命不息，折腾不止。渴望有故事、有波澜的人生。一眼望到头的生活让他们感到无聊、没劲儿。

他们追求人生无限的可能，只要内心激情被点燃，就会一往无前，所向披靡。他们的人生总是一段段爆发，如过山车般跌宕起伏。

他们就是一对一型人：投入地爱、尽情地活。他们是享受"燃烧的岁月"的"有趣灵魂"。

一对一型核心模式

1. 核心欲望

追求深度的亲密连接，体验生命的活力和激情，寻找有吸引力、有能量的人和事物来滋养内心，为之倾心，迸发激情，迷恋、沉浸其中。

2. 核心恐惧

失去亲密连接、不被在意的人特殊对待、平淡无聊、死气沉沉，无法激活内心。

3. 注意力焦点

一切带来感觉和激情的人和事：生命活力与激情、沉浸的亲密关系、个性魅力与吸引力、灵感创造、即兴发挥、两极震荡、新鲜刺激的体验等。

走近一对一型人

一对一型也叫性本能型，一对一型人富有生命活力和激情，天然散发着吸引力和魅力。他们情感激烈，魅力四射，有浪漫和娱乐天赋，充满了无限的想象力和创造力。

一对一型人特点	关键词
吸引力	魅力、放电、独特
偏爱	挑人、竞争、排他、例外
黏人	亲密无间、深度连接、忘我
震荡	极致、过度、跌宕起伏、非凡体验
即兴	感觉至上、洒脱随性、灵感创造
挑战对抗	自由、叛逆

◆ 吸引力

关键词：魅力、放电、独特

一对一型人天生有一种强烈的吸引力和诱惑力，常有一种能令人上瘾，使人着迷的气质。一对一型人的魅力和形象未必迎合主流品味，他们喜欢个性化，不喜欢被限制，但会迎合他们的一对一对象（包括但不限于伴侣）的品位。

"我会为了对方改变自己的装束，我有很多衣服都只在和喜欢的人一起时才穿，只为了穿给他看见。"

他们未必是大众眼里的俊男靓女，却散发出一种独特的味道，这是他们独特的魅力所在。

"确认过眼神，你是对的人！"

一对一型人也很注重他人的吸引力，把好恶写在眼神里。对于没感觉的人，通常眼神暗淡；一旦遇到有感觉的人时，他们的眼神就会突然亮了起来，好像眼睛里燃起了一把火焰，脑海里蹦出"对，就是他！"。他们会不动声色，余光掠过对方，看似无意的有意，眼睛不自觉地"放电"，仿佛整个人都在发光，情不自禁地想吸引对方的注意力，想和对方交流、对话和建立更深、更亲密的连接（但不一定会明显表现）。

"我其实是一个很文静的人，但如果见到自己有感觉的人，会突然变得很活跃，语速、音量、音调都会变化，或者突然变得兴奋或者温柔，这一切其实都是吸引那个特别的人的注意，但那个人未必知道。"

他们期待那种电光石火的瞬间，彼此刹那的对视，那不经意的眼神连接，彼此心领神会。另外，一对一型人也有一种本能天赋，仅仅透过一个简单的动作和眼神，就能发现周围人中谁喜欢谁，谁对谁有特别的感觉。

◆ 偏爱

关键词：挑人、竞争、排他、例外

一对一型人用感觉来"挑人"。他们的目光会不自觉地扫描和聚焦到一位令自己最有感觉的人，并被对方的一颦一笑所牵动。他们对人的态度是"冰火两重天"，对喜欢的人热情似火，对不喜欢的人冷若冰霜。

一对一型人对一个人的讨厌，不仅是心理上的厌恶，而且还有强烈生理反应的排斥。和讨厌的人坐在一起，本能地想逃离。

"我对喜欢或讨厌的人都很敏感，喜欢你怎样都行，不喜欢怎样都不行。我会因为喜欢一个人，进入一个群，爱上一座城；也会因为厌恶一个人，退出一个群，厌恶一座城。"

他们有很多"最"："最喜欢的同学""最喜欢的发型师""最喜欢的老师"。他们会不自觉地对自己喜欢的人按重要性排序，第一、第二、第三……次序非常清晰明确，先陪谁，再陪谁，也不言而喻。

一对一型人的这种"挑人"遍及一切领域，即便是做生意，也会挑客户，看感觉。

这种强烈的好恶，有时候会表现得非常激烈和极端。

爱上一个人，就打破了原有的一切规则、标准，这个人成了一对一型人心中的偏爱和例外。对一对一型人来说，因为爱你，我不再有要求，我什么都可以包容，什么都可以接受。

"我以前对男朋友的要求是身高必须在 1 米 85 以上，而我老公只有 1 米 75。遇到他以后，我什么要求都没有了。我从小娇生惯养，不会做饭，也不会家务。结婚后，为老公学会了做饭，还变着花样地给他做，承担了几乎全部家务……"

◆◆

黏人

关键词：亲密无间、深度连接、忘我

一对一型人很容易沉迷于爱情或一段深入连接的关系，

他们要么太黏人，要么必须很努力地克制自己，不要太黏人。

"上大学时，我总会陪男朋友上课，哪怕不是一个专业的，哪怕根本听不懂，我只是陪男朋友而已，恨不得24小时黏在一起。"

"一旦老公在家，我就可以不要儿子，我眼里只有老公。和老公去旅游的时候，很讨厌有风景的存在，风景会让他分心。我很喜欢只有我们两个人的世界，我们可以一直对视，或一直聊天。"

一对一型人希望与对方在感觉上要有共鸣、共振，希望彼此深深"看见"和理解，达到无言的默契。他们可以和喜欢的人畅聊一个通宵，仿佛有说不完的"废话"；也可以彼此两眼相望，静默不语，却已秒懂彼此的全部。

◆ ◆ 震荡

关键词：极致、过度、跌宕起伏、非凡体验

一对一型人是典型的"抽风式两极震荡达人"，他们要的就是畅快淋漓。感觉来了，不顾一切！如果一件事不能让他们渴望去做，那就根本不值得去做！

"要么深爱，要么滚蛋！"

他们可能一段时间减肥瘦身到极限，然后再放纵自己大吃大喝；他们有时候认真养生，有时候又无视身体健康，胡乱折腾自己；他们能坚持一个月不吃油炸食品，只吃清水煮蔬菜，一个月后又拼命吃炸鸡翅；他们一会儿不想结婚，一会儿又想闪婚；他们可能平常熬夜，某一天突然心血来潮决定早睡，然后九点就睡了，但是又没坚持几天……所有的压抑都会反弹，人生就像剧烈地荡秋千，玩的就是心跳体验。

"我经常拼命存钱，不肯乱花一分钱，但突然来感觉了就一下子花掉，倒筐式消费，用光、吃光、玩光，然后再拼命赚钱，好像这样才有动力。"

这种冬夏交替，冷热风交汇的能量如野马，如烈风，如烟花。这股冲力，伴随着不断涌现的更迭能力，可能带来无限可能和创意，刷三观，刷眼球，刷记录。

一对一型人向往生命的波澜起伏，渴望精彩的人生体验，高潮与低谷常如过山车一般。他们最害怕平淡无奇的生活，那种一眼能望到尽头的日子，会让他们觉得沉闷、压抑甚至绝望。

"创业无论成败，赢了是江山，输了是故事！"

一对一型人不喜欢一成不变、一帆风顺的生活，对那些强烈的、刺激的、新奇的体验着迷。他们是富有冒险精神的人，喜欢激情澎湃、能量冲浪的感觉！

他们的生命里总涌动着一种不安分的激情，试探着人生的种种可能。只要激情在，无论受到多少挫败和困难，都会满血复活，职场上一路开挂，情场上火花四溅。

◆ 即兴

关键词：感觉至上、洒脱随性、灵感创造

一对一型人经常会说"找感觉"。任何能激发他们激情活力的人事物，都会让他们找到"感觉"，进而自信满满，英勇无畏，一路向前，永不言败！

他们一旦找到感觉，就会发生神奇的质变、飞跃：学习会从一窍不通到一通百通，创作会从无从下笔到神来之笔，工作会从一筹莫展到所向披靡！他们内在的灵感、潜能会瞬间被激发出来，感觉哗哗流淌，一次次抵达巅峰，创造一个个惊艳的作品！事业上出奇制胜，黑马逆袭，常常催生出重大的突破和创新！

"被某一句话击中内心后，我可能一下子触类旁通，豁然开朗。"

"感觉"是一对一型人活着的养料。他们总是不自觉地搜寻着人群中可以对上的眼神，在朋友圈有意无意地留下一丝丝线索，渴望被那个懂的人发现。一旦和一个人对上了，可以不顾一切在一起。即使他们大龄单身，也绝不会为了结婚而结婚，他们一定要等那个有感觉的"对的人"到来！

"我读书时，喜欢班里一个男生，和我是前后桌。小组背书的时候，我一转身，正好和他面对面。这个男生是班长，长得也帅。面对面的一瞬间，我看到他眉毛间有一根特别白的长眉毛，一瞬间有一种心动的感觉。"

对于一对一型人来说，感觉是无法控制的。感觉没了就没了，无法努力获得，也无法假意迎合。一旦有了感觉，他们常有一种强烈、不可遏制的冲动。

"有一次我和闺蜜想吃火锅，直接就买机票飞到成都去了，没有任何计划。还有一次因为一首流行歌曲，突然想吃冬荫功，和闺蜜两人立马办签证跑到泰国去吃。"

俗话说"自古才子多风流"，很多文学艺术大师都倾向于需要风花雪月、红袖添香来充分滋养一对一本能。有些人生暮年的文学艺术大师，仍然寻觅浪漫的恋情，以维持、滋养、激发他们的激情、生命力和创造力，进而催生出伟大的作品。

当然，并非所有的一对一型人都有机会成为作家、导演、艺术家、戏剧家……他们会在平凡的生活中随时随地地创造，随时有灵感，这种创作不刻意、随性、自由自在。

"在旅游途中，我喜欢创意拍摄。会拍各种不寻常的东西，比如泥土、树根、蚂蚁、溪流……很少搞无聊的摆拍、呆板的景点打卡式拍照。"

一对一型人即兴的灵感和创造力，会给人们带来很多惊喜。如今的"网红"时代就是一对一型人的时代。抖音短视频让无数一对一型人从普通人摇身一变成为红人，不但有了自由即兴的创作和展现机会，同时也让无数一对一型人成了他们的粉丝。

但需要特别提醒的是，一对一型人虽然容易顿悟，灵感涌现，但千万不要把开挂状态当作常态，把暂时激发的潜能当作稳定的能力。如果缺乏脚踏实地的长期积累，这些创造和灵感容易来得快，去得也快，难以复制。

◆◆
挑战对抗
关键词：自由、叛逆

一对一型人有一种对抗、挑战的能量。他们崇尚自由，常有叛逆，也喜欢打破常规、挑战困难。他们喜欢流动的、流淌的东西，寻求洒脱的感觉，渴望巨大的空间感，期盼无垠和无限。

一对一型人只要感觉被束缚就会沮丧。比如规定必须在某个地方、某个时间做什么事。

"我想做的事，如果你要求我做，我反而不想做了。"

"我从小就天天跟我妈抬杠，凡是她制定的规矩，我一定是要对抗的。比如挤牙膏，她告诉我牙膏要从底部挤。我就故意从上面挤，挤出很大一个坑。我妈很生气，但我觉得有时候，还蛮享受那种对抗的过程。"

遭遇困难和他人的反对往往会强化一对一型人的激情，特别是他们的爱情，越被反对越坚决，越有困难越有感觉。

"我的第一个女朋友年龄比我大，家里人都很反对。我心想你们反对是吗？我就要故意和她在一起。第二个女朋友家人都很满意，但家人越喜欢，我反而越要找找这个人哪里有问题。"

"恰恰是因为父母各种各样的阻拦，我反而越来越来劲，更加不顾一切地要嫁给我老公！"

这一生，能为一个人克服重重艰难去奔赴，能跨越千山万水去爱你，这是何等的浪漫，何等的荡气回肠啊！一对一型人要的就是这种荡气回肠、激情四射、百转千回的爱，克服艰难困苦去爱一个人，才是他们心中向往的"真爱"！

自保型人攒钱，在意有没有，

一对一型人攒情，在意爱不爱，

社群型人攒人脉，在意合不合。

自保型人：我要和自己在一起，

一对一型人：我要和那个人在一起，

社群型人：我要和你们在一起。

社群型的"四通八达"：以"场"为先，为"场"托底

社群型人素描

你身边有没有这样一群人？

他们信奉"千里有朋友，万里有贵人""朋友的朋友就是朋友""朋友多了路好走""一回生，二回熟"……

他们温暖热情，慷慨大方，爱交朋友，人脉广泛，神通广大，如果朋友有难找他们帮忙，他们常常神奇地打个电话就轻松搞定了。

他们在家待不住，喜欢出门参加各种集体活动，人越多越兴奋，总有忙不完的应酬。

他们有长远眼光，瞄准各种资源，网织人脉，喜欢组织大伙儿一起整点事儿。

他们善于审时度势，察言观色，在推杯换盏间牵线搭桥，在觥筹交错中自然地整合资源。

他们很会说话，擅于观察人群、环境、气氛，总是知道在什么场合讲什么话，言行举止的分寸尺度拿捏得精准到位。

他们体面又很爱脸面，希望大家互相尊重和认可，给彼此留足面子、给台阶下。

他们在台面上会对所有人"一碗水端平"，必要时可能会为大局"大义灭亲"。

他们往往从小就很懂事，让大人省心，长大了希望能为家族、集体、圈子做贡献。

这就是社群型人，他们对你最大的爱，是用自己积累的一切资源去帮你及你的家人、家族。

社群型核心模式

1. 核心欲望

通过对团体（群体／圈子）及社会活动的参与、融入、贡献，赢得更大范围的关注、认可、荣誉，获得归属感、价值感、地位及影响力。

2. 核心恐惧

失去团体（群体／圈子）中的地位和认可，名誉受损，颜面扫地，失去参与权，被所属团体排斥、孤立、边缘化。

3. 注意力焦点

来自周围的人和环境的各种信息，在团体中的角色与地位、归属感、参与感、社会责任、社会影响力、名誉声望、团体气氛、文化、礼仪、习俗、规范、社会接受度、广泛的友谊等。

走近社群型人

社群型人总是热切地关注更大的世界正在发生什么，小到自己所在的各种圈子、机构，大到国计民生、国际风云。

社群型人的特点	关键词
人脉和信息资源整合	广泛社交、弱关系、资源整合、消息达人
审时度势	读懂潜规则、观察环境、委婉
格局	适应、顾全大局、委曲求全、为场托底
脸面	口碑、懂事、厚远薄近、社会形象、得体克制
公平团结	整体、平等、兼容、无偏私
分享	共享精神、礼尚往来、人情世故、请客送礼

◆◆ 人脉和信息资源整合
关键词：广泛社交、弱关系、资源整合、消息达人

社群型人热情、开放，喜欢广交朋友。无论是旅游、逛街，还是参加婚宴、开会，他们都可能会结交很多陌生人。如果社群型人把你当作朋友，可能会带你走进他的社交圈，给你介绍很多新朋友，当然他也希望走进你的朋友圈。对他们来说，人脉的拓展就是资源的拓展。

"千里有朋友，万里有贵人。"

社群型人倾向于保持距离得体的广泛社交，即"弱关系"。他们既不希望和他人过于亲密，也不希望失去联系。他们的社交旨在长久联系、资源互换。

社群型人很会借力，用资源整合创造"三头六臂"，巧妙调用各种资源，看起来就像"空手套白狼"，实际上这归功于他们借力使力的天赋。

"我开公司场地不要钱，办公桌不要钱，十几层大楼都是整合来的。"

社群型人善于把各种圈子的人巧妙组局，他们的生意常常是在吃饭或喝茶中搞定的，你以为他只是在吃喝玩乐，其实他们是在这种看似随意轻松的社交活动中穿针引线，不露痕迹地促成各种合作。

除了人脉整合，社群型人还擅长"信息资源整合"。新闻八卦天下事，事事关心，他们要确保自己不会和世界脱节。参加聚会时，他们喜欢通过结识陌生人来建立更多的信息渠道。

社群型人常常是"消息灵通人士"，他们"眼观六路，耳听八方"，善于捕捉人群里的信息，多听少说，密切关注和吸收着群体中的每一个人带来的信息，对信息的敏感度和捕捉意识精妙而细微。

"我每天醒来的第一件事是看新闻，每天在睡前都会习惯性地浏览一下各大门户网站首页。我其实并不是对所有信息都感兴趣，而是觉得自己应该去全面了解。我也会对社交圈里的八卦感兴趣。我觉得，了解更多信息，更容易与不同群体产生共同话题，有利于融入各种群体。"

对社群型人来说，最痛苦的事莫过于切断他们与外界的联系。这时他们会有一种莫名的恐惧，仿佛被整个世界抛弃了。

"我感觉每个人都是一张拼图，把每个人背后的信息连接起来，就能真正看清这个世界的本质。"

审时度势

关键词：读懂潜规则、观察环境、委婉

社群型人有一种审时度势的情境智慧，善于领会所在集体、圈子或组织中的潜规则、潜在文化以及社交暗示，即不成文的规则、未明示的约定。他们天生对周围的环境有兴趣，通过观察环境自然学会该怎么说话、怎么做事。可以说，社群型人是其环境造就的。

社群型人看起来有城府、成熟，讲究社交策略和讲话艺术，说话比较委婉、绕圈，对某种言行举止适不适合当下场合特别敏感。他们会兼顾方方面面，没有固定焦点，可以做到既关注每一个人，同时又关注全场的人。

◆▪◆

格局

关键词：适应、顾全大局、委曲求全、为场托底

社群型人是识大体、顾大局的人。他们维护场面的和谐，维护整体的团结，要为场托底。他们为了大事、为了共同的目标，愿意暂时牺牲自己的个人利益，甚至委曲求全、忍辱负重。

他们凡事不会摆在脸上，哪怕再讨厌一个人，打心眼里瞧不起对方，也仍然可以坐在一起谈笑风生，觥筹交错。认为场面上得给彼此面子，说不定以后还要合作，得罪了一个人就可能会坏了大局。

"小不忍则乱大谋，我的胸怀是委屈撑大的！"

在无数个深夜里，社群型人常常是全场最后一个离开的，拖着疲惫的身躯凌晨才回到家里。

"我经常把苦水往肚子里咽，把火往肚子里压。有一次，

我因为被欺负，差点想把桌子给掀了，但为了顾全大局，为了场子的和谐，我强忍怒火，颤抖着手给每个人倒了一杯水。"

脸面
关键词：口碑、懂事、厚远薄近、社会形象、得体克制

社群型人在人前言行得体，不会太随性，好恶、立场、观点很少随意表露，以免引起不必要的分歧和冲突，破坏了全场的气氛。他们很懂事，不以自我为中心，随时关注场合的气氛和他人的状况。

社群型人注重社会形象，十分在意方方面面的评价，他们为人友善，情商高，慷慨大方，包容大度，讲究礼仪、规矩、传统习俗，喜欢讲排场，同时也要求家人不能拖后腿，在家族和朋友圈中有口皆碑，赢得一片好名声。

"你今天话说得太多了。下次在外面不要那么爱表现自己，多听少说，多看别人怎么做。"

只要被邀请参加聚会、活动，社群型人基本上都会去捧场，哪怕内心不想去，也很少缺席。他们觉得，人家请你是给你面子，如果拒绝，人家下次可能就不请你了，朋友关系和资源也就断了。

社群型人总是希望先照顾外人，给人一种"厚远薄近"的感觉。他们对自己人会比对外人更"刻薄"，"胳膊肘往外拐"，甚至会把家人应得的奖励、利益让给外人。

我们不能说社群型人都是道德楷模，他们也有"私"，但这个"私"会有所包装，会以合理的、"公"的形式来表达。

"我父亲是社群型人，他对外人总是最高待遇，对家人总是最低待遇。比如和家里人吃饭，随便吃就行，到楼下小面馆吃个面条。但如果有客人来了，马上就安排高档餐厅，要有排场，要体面。"

总之，容易过度追求面子、好虚名，这是社群型人需要自我觉察的。

◆◇──────────

公平团结
关键词：整体、平等、兼容、无偏私

社群型人在家里和家外常常是两张脸孔。出了门，社群型人好像登上了社交舞台，言行举止都要得体、到位，绝不能"徇私""偏心""只顾自己人"。他们可能会故意和不熟的人，甚至内心不喜欢的"外人"多连接、多交流，以团结更多的人，不会因为自己的个人好恶导致团体的分裂。

"全家十几人出去旅游，老婆抱怨我陪导游不陪她和孩子。我是想着把导游陪好了，他才能更好地服务所有人，我们大家才能玩得开心。"

社群型人反对各种可能造成分裂、损害团结的"小团体""小派系"。他们在公开场合往往不会凸显私人的关系，除非场合需要。

"在家是夫妻，出门是公民。我和爱人在公共场合一起参加活动，别人都看不出我们是一家人。"

总之，社群型人具有最强的"公民意识"。他们觉得，无论是夫妻、闺蜜、好兄弟，到了集体场合都不宜特别对待，所有人无论远近亲疏，都是这个团体、这个场的一分子，更是社会的一分子。

◆◆ **分享**
关键词：共享精神、礼尚往来、人情世故、请客送礼

社群型人是共享精神的倡导者。他们不一定很有钱，但却是最愿意分享的；他们最不强调区分彼此，有什么大家一起分，喜欢"见者有份"。他们也正因为这份"分享"的慷慨才交了那么多的朋友。

"我为人人，人人为我。"

他们热情好客，特别舍得为群体、为朋友花钱，在聚会中经常都是买单的那一个，甚至别人请客他们也会抢着主动买单，堪称"买单王"。

每到春节或其他重要节日，社群型人就让礼物来一个"大循环"。他们的朋友多，送礼多，收礼也多。礼物承载着社群型人与朋友们的一种连接。

"我车里的后备厢里经常放着三五种礼盒，随时准备给别人'随手礼'。很多时候，别人送我什么礼物我都不知道，因为还没打开看就转送给另一个人了。身边的红白喜事，即使我人不到，钱必须要到，不能在礼节上'掉链子'。除非我不知道这个事，否则一定要表达这份心意。"

自保型人——让生活有个稳固的基石（大地的基石），

一对一型人——投入地、深深地爱（心灵的火种），

社群型人——参与和贡献更大的集体（族群的力量）。

第 3 章

三种本能类型
的婚恋关系

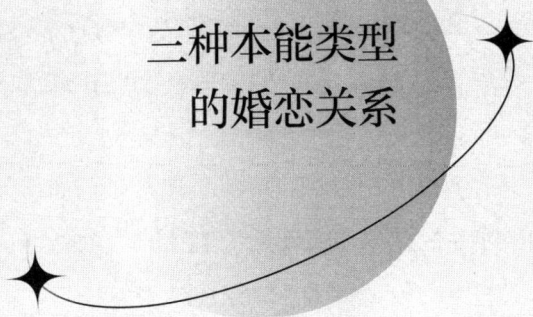

自保型人最怕和物质保障断了链接，

一对一型人最怕和亲密爱人断了链接，

社群型人最怕和世界断了链接（信息封闭）。

"亲密关系是最难的修行。"亲密关系里，我们以本能的方式呈现和互动，因此本能类型在亲密关系中的应用最为立竿见影、震撼人心。很多人学完本能类型，才惊讶地发现自己和爱人像活在不同的星球上："本能性格给我们破案了！我终于懂得你爱我的方式！"

现在我们就来讲讲不同本能类型大相径庭的爱的语言，破解本能性格差异制造的无数"相爱相杀"之谜。

三种本能类型婚姻和爱情的价值观分别是什么？

如何与三种本能类型的伴侣相处？

有什么相处秘籍和避雷提示？

现在，让我们一起走进三种本能类型的爱的世界。

我为你付出一切，
却让你伤痕累累。

你为我牺牲一切，
却让我痛不欲生。

自保型求稳

　　自保型人爱的表达方式是"我要为你托底，给你稳稳的幸福"。

　　"平平淡淡才是真，化为亲情过一生"是自保型人的婚恋核心价值观。他们家庭观念更强，十分关注家庭安全和经济保障。

　　自保型人往往把大量的精力投注于工作和小家庭的建设中，为自己小家庭的幸福生活而努力工作和赚钱。

　　自保型人在亲密关系中最容易被误解为"自私"。他们是最强调界限和独立空间的类型，凡事尽量靠自己，以"不给你找麻烦"的方式来爱你，会给亲密爱人一种疏离感。他们希望尊重各自的独立空间。所以，你可能会看到两个自保型伴侣在家里，从早到晚守着自己的"小帐篷"，各忙各的，互不干扰，只要感知到彼此的存在就可以了。

　　自保型人大多比较内敛，不善表达爱，就事论事。他们非常务实，喜欢踏踏实实地过日子。在自保型人的眼中，一切都是"事"，感情也是藏在"事"里的。他们用心在人，焦点在事，伴侣常因此而误解他们缺乏情感甚至冷漠无情。自保型人对你的感情，是通过为你做事、为你解决问题来表达的。比如赚钱养家，每天为家人按时做饭，甚至每天晨起给爱人倒一杯温水放在床头……这都是自保型人表达爱的方式。他们很少通过语言来表达爱，认为那是"虚"的，唯有做到才是真心。他们喜欢实实在在地在生活中付出。

　　很多自保型人的伴侣觉得自保型人很"抠"。其实自保型人只是喜欢量入为出，拒绝计划外开支。他们是最怕家庭经济保障失控的人，因此有时显得过于节约，甚至有点"小气"。但他们是家庭的"保险柜"，他们是在为家庭攒钱。当人生的风浪突然侵袭家庭这艘"小船"的时候，往往需要仰仗自保型人多年的积蓄平安度过，这就是自保型人最令人感动的爱的方式：为家庭经济"托底"。

自保型人爱的关键词是务实、重事、习惯、存储、空间、计划。

在亲密关系中的自保型人常有这样的经典对白：

"你吃不掉，为什么还要点那么多菜？吃多少点多少，不要浪费！"

"生日别送钱包，我已经有一个钱包了，正好我的苹果数据线坏了，你就给我买一根作礼物吧。"

"不要乱动我的东西，我要用时会找不到。"

"别不打招呼突然进来，我需要有自己的空间，哪怕我只是在这里看闲书。"

"给我能给的，给你必需的。"

"花钱要花在刀刃上，有多少钱办多大事。"

"平平淡淡才是真，踏踏实实过一生。"

"可以陪你到 10 点，我明天有事，今天不能睡太晚。"

"干吗要枕着我的胳膊睡？胳膊有枕头软吗？你不舒服我

也不舒服。"

‥‥‥‥‥‥

自保型人在伴侣眼中的缺点

- 自我中心，自顾自：固执于自己习惯的方式和计划，固执，不变通，难妥协。

- 对情感不够投入：眼里常常只有"事"，没有人和情。

- 爱钱多于爱人：经常不舍得为爱人花钱，抠门，怕浪费钱。

- 缺少浪漫和激情：总是按部就班，认真严肃，不解风情，很无趣。

- 情感淡漠：总是需要大量空间，不能随便打扰，经常突然切断连接，有距离感。

- 过分关注物质和安全需要：爱攒钱、攒物，舍不得扔东西，担心收入不稳定，生存危机强，精打细算。

婚恋关系的八大黄金法则

法则一：尊重空间

和自保型人要"亲密有间"，不能时刻黏在一起，允许他们有充分的空间和时间做自己的事情，享受他们一个人的"帐篷"。

法则二：尊重计划

自保型人很难随机应变，即兴而为，要尊重自保型人已经定好的计划，不能变来变去。

法则三：尊重习惯

自保型人往往有自己长期习惯的做事方式、程序，甚至在家里也有习惯的"地盘"。他们的物品放在他们习惯的固定地方，不能随意更改。

法则四：尊重物品

不要随便整理、移动自保型人的物品，这会导致他们找不到东西，耽误事儿。和自保型人关系再亲，也得分"你的""我的"。

法则五：凡事有度

钱要花在刀刃上，有预算，有节制，不能凭感觉乱买，杜绝浪费。同时亲密也要有度，不要没完没了地黏着、抱着。

法则六：做事认真

自保型人是以事的实际效果为先，即便你是爱人，做事也得精准、到位、有效，而不是你用了心就好。

法则七：说到做到

你答应的事情，无论大小都得做到位，因为你的承诺已经纳入自保型人的计划，哪怕是"买瓶酱油"这样的小事都不要有差错。

法则八：提前报备

和自保型人预先定好的事情，如有任何更改一定要提前告知，以让他们有充分的调整时间。

婚恋中的"六大地雷"

地雷一：不打招呼，丢掉收藏物品。

"我的塑料袋怎么被你扔了？"

地雷二：临时性的突然变化，来不及准备。

"不是说好你去接孩子的吗？我都安排好其他事了。你怎么变来变去的？"

地雷三：移动习惯放置的物品，导致找不到。

"你整理书房，不要把我摊开的书随便插进去，害我找了半天！"

地雷四：浪费时间、金钱、食物，不爱惜物品。

"你在景区买这样的衣服干吗？性价比太低了，而且你能穿几次？完全是浪费。"

地雷五：说好的事情，没有做到。

"我不是跟你说是六味地黄丸吗？怎么买回来杞菊地黄丸？"

地雷六：不间断、无休止地过分黏人。

"看电视就好好看，不要一直贴着我，太热了，不舒服。"

一对一型要浪漫

　　一对一型人爱的表达方式是"独宠你，给你浪漫的偏爱"。

　　"没有该结婚的年纪，只有该结婚的真爱"是一对一型人婚恋的核心价值观。一对一型人追求的是纯粹的真爱，"斯人若彩虹，遇上方知有"。对于他们来说爱只有 0 和 100 的区别，中间的数字约等于 0。要么深爱，要么不爱。他们是爱情至上者，也是最崇尚终生恋爱的人。

一对一型人的真爱就是把爱人放在自己心里的第一位，是最重要的唯一，希望彼此是对方永远的"偏爱"和"例外"。为了确认自己在对方心里的重要性，他们喜欢把自己跟一切对比，我重要还是你的工作重要？我重要还是你的朋友重要？甚至和父母、孩子、宠物也要比……他们最容易吃醋、嫉妒、竞争，甚至连朋友关系也经常如此，他们永远想要那个"最"。

一对一型人在伴侣眼中很"作"，黏人，折腾人。他们每天都害怕失去连接。对他们来说，无回应之地就是绝境。绝不夸张！一对一型人也是最容易为爱妥协的，可以为对方调整、突破、改变自己，愿意为爱克服一切困难，可以为爱倾尽所有，为爱放弃一切。

一对一型人经常爱到失去自己，以爱人的好恶为好恶。一旦吵起架来，常常是"说着最狠的话，做着最怂的事"。因为爱，他们什么都介意；也因为爱，他们什么都能忍。

经典的爱情电影和言情小说里描绘的神仙眷侣、灵魂伴侣，双宿双飞、三生三世，这样的爱情几乎都是两个一对一型人之间的爱。否则谁会看呢？

一对一型人爱的关键词是舍得、感觉、专属、随心、重情、黏人。

在亲密关系中，一对一型有些常见的经典对白：

"你为什么盯着那个长头发的女孩看呢？是不是你其实喜欢长头发的？"

"你跟谁聊天呢，那么开心？跟我说话的时候怎么没那么投入呢？"

"你一直拿着手机干吗？难道手机比我还重要吗？"

"你为什么现在才问我今晚有没有空？你早干吗了？拿我填空吗？"

"之前我们彻夜长谈，有说不完的话，现在为什么只聊10分钟就没话题了？你是不是不爱我了？"

"到底是我重要，还是你的猫重要？"

"白天是你，梦里也是你，睡前是你，醒来也是你，满脑子都是你。"

…………

一对一型人在伴侣眼中的缺点

- 过于激烈：情绪震荡，时而兴奋，时而低落；任性、无理取闹、让人无法招架。

- **需要被大量关注**：渴望随时连接，乱比较，"作"、黏人、纠缠。

- **高昂的维护成本**：需要时刻在意他们的感受，且一旦状况不好很难哄好。

- **不间断地追求亲密，蚕食他人的能量**：没完没了地渴望连接，消耗太多时间、精力、能量。

- **依赖性强**：他们的幸福有赖于伴侣付出的时间和关注。若无法持续给他们优先关注，就很难满足他们对亲密关系的过高期待。

婚恋关系的八大黄金法则

法则一：最重要的"唯一"

一对一型伴侣要的是"偏爱"。不偏就不是爱。他希望在你心里排在所有人之前，他会和一切人事物比较在你心里的重要性，以确认他是不可替代的、最重要的。

法则二：重要时刻的陪伴

所谓"重要时刻"，不仅包括情人节、重大节日、纪念日、生病的时候等，还包括一对一型人感觉重要的时刻。

法则三：爱的充分表达

不说出来的爱就感受不到，爱需要表达。一对一型人喜欢听到爱的表达。

法则四：制造惊喜、浪漫情调

有情趣的惊喜和小浪漫，有时候胜过给他们一件贵重的礼物。

法则五：同感共情、心甘情愿

他们需要彼此心领神会，心有灵犀才是灵魂伴侣。如果你都不懂，还有谁懂呢？也许你为他做了很多，但你不只要做到，心意也要达到，即你对他所做的必须是心甘情愿、发自内心的。

法则六：倾其所有的"舍得"

一对一型人可能会突然要一件昂贵的礼物，只是想看看你是不"舍得"。他如果爱你，不一定会真让你买。但是一对一型伴侣需要你给出你稀缺的东西：如果你忙就要你的时间，如果你没钱就要你舍得花钱。这是衡量你心里对他在乎的程度。

法则七：用心琢磨

如果你买礼物，千万不要问一对一型人要什么。他认为要来的礼物是没有任何意义的。要去留心观察他的喜好。例如，和他一起逛街时，他在某个物品上多停留了几秒，或者不经意间提到喜欢什么，你在心里暗暗记下来，在一个特别的日子送给他。

法则八：持续关注

一对一型人可能比较黏人，需要持续和你连接。他的电话、微信一定要及时回，甚至有时候他打着电话，只是想听对方在打字，要感受到对方"在"。一对一型人最怕"失去连接"，一旦有"失连"的危险，他就会开始"作"。

婚恋中的"六大地雷"

地雷一：纪念日和"重要时刻"的缺席和失陪。

"今天是我们认识 8 周年的日子，你完全不记得了！"

地雷二：有意无意的冷落，没有回应、回复。

"为什么不回信息，你连上个厕所的时间都没有吗？"

地雷三：无法体现他相对于别人的特殊性。

"你送我的东西竟然和送你妹妹的一样，那我不要了！"

地雷四：不用心，或忽视其投入和用心。

"你难道没注意我的发型变了吗？为什么你一点也不关注我？"

地雷五：忽视或遗忘对彼此有纪念意义的物品和事件。

"那条围巾你忘了是我亲手一针针给你织的吗？你竟然说扔了！？"

地雷六：在需要陪伴和倾听的时候切断连接。

"我现在这么难受，你却不陪我！还和朋友逛街去！你越来越不在乎我了是吗？"

社群型讲大爱

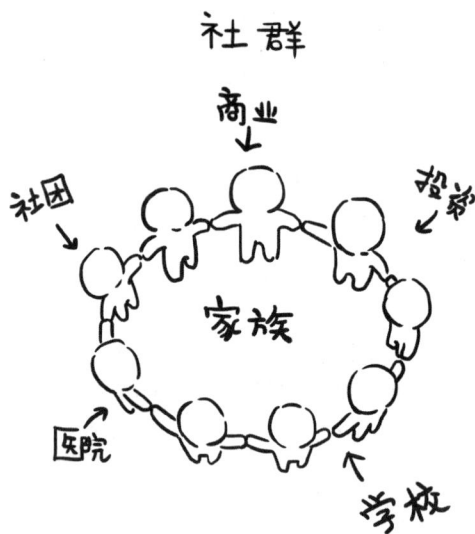

社群

商业

投资

社团

家族

医院

学校

社群型人爱的表达方式是"调动我所有的人脉资源来帮你"。

"婚姻不只是两个人的结合，更是两个家族的结合"是社群型人婚恋的核心价值观，社群型人的爱往往超越了"爱情"和"小家"，他们积极融入对方的家族中，愿意为爱人背后的家族的事情操持付出。他们是最有家族观念的人。

社群型人常常会花大量的时间经营各种社交圈，看起来不太顾家。如果是两个社群型人的结合，那家庭就像他们的"旅馆"。他们虽然把焦点放在外面，但在他们的内心，家人无疑仍是最重要的，只是他们可能看起来更在乎外面的人脉关系。他们不仅要维护爱人的利益，更要维护爱人的脸面和双方家族的体面。他们的努力拼搏，主要是为了提升社会阶层和社会形象。

社群型人的爱是典型的"抓大放小""重外轻内"。在关键时刻，他们会调动自己的一切人脉资源，帮自己的爱人乃至爱人的家族成员。家族中有任何事情，社群型人往往会第一个站出来，他们出钱、出力、出资源处理其他人难以解决的问题。当双方家族中有老人生病、子女上学，或者面临找工作、创业、买房等大事情时，如果别人都解决不了，就是社群型人发力的重要时刻了。而在没有大事发生的时候，他们会一直为这一刻做准备，维护将来可能用到的人脉资源。

社群型人爱的关键词是分享、大事、大局、家族、懂事、无偏。

在亲密关系中，社群型的常见经典对白是：

"你每次回来都先来看我，而不是先去看你的父母，你家人会怎么看我？会觉得我这个女朋友不懂事。"

"大家一起的时候，你不要只给我一个人夹菜，这样别人会认为我们在秀恩爱，太尴尬了。"

"喝酒不要喝醉，会很难看，不只是丢你的脸，还丢全家的脸。"

"你40岁了，不是14岁，发这种太浪漫的朋友圈别人会觉得你幼稚，'恋爱脑'。"

"人家请你，是尊重你。你不去就是不给面子。不能什么都看你喜不喜欢。要懂事！"

"钱可以再赚，人不能丢脸！"

"屋顶以下的都是小事，天空以下的是大事。"

…………

社群型人在伴侣眼中的缺点

- 过度在乎他人的想法：太在乎面子，顾虑重重。"总觉得我说话、做事丢了人"。

- 对家以外的活动和事务投入度过高：为了他在大家心中的地位，花了大量时间和精力在集体的事情上。种了大家的田，荒了自己的园。外面打来一个电话就跑，参加各种项目、聚会、活动，帮各种朋友的忙，很晚也不归家。

- 要么不回家，要么回家不理人：经常很晚都不回家。陪各种人脉关系里的人，常常是最后一个离场。回来累得躺平，不理人，还使唤人。

- 死要面子，穷大方：为了自己的脸面，出太多份子钱，给朋友投资，太多的请客、送礼。借出去的钱没还回来，还不肯要，怕丢脸。

- 注意力分散，看起来思想不集中，对待事情不深入：焦点太多、太广、太散，总是很表面。对一个话题似乎没能力也不愿意深入探讨。

婚恋关系的八大黄金法则

法则一：懂事、体面、有分寸

家外和家里不同，出了门必须要懂事、有礼貌，说话、做事要注意场合和分寸，不能任性。

法则二：维护社会形象

在外讲话、做事都要符合自己的身份，不要有任何有失身份和体面的言行举止。有意识地维护双方乃至整个家庭、家族的社会形象。

法则三：顾全大局

识大体，顾大局。在外要考虑大家、整体，杜绝小家子气，把自己和小家利益往后放，多为大家考虑。

法则四：灵活应变，有眼力见儿

根据场合说话、做事，不要一根筋，要灵活，有眼力见儿。

法则五："小事"不烦，支持"大事"

他的心里都是大事，家里的小事不要烦扰他，如孩子报辅导班、水龙头坏了等小事不要烦他。

法则六：做休整身心的"港湾"

出门别找他，回家别烦他。社群型人在外面应酬、社交很多，非常疲惫，希望家是他休整身心的"港湾"。

法则七：愿意分享

朋友多了路好走。财散人聚，财聚人散，不要太小气，不要太计较得失，舍得奉献，别人也不会亏待咱们。

法则八：合群

审时度势，根据不同场合的需要说话、做事，服从安排，不我行我素，不随意发表观点，少说多听。

婚恋中的"六大地雷"

地雷一：公开场合不得体，不懂事，让他尴尬、丢脸。

"千万不要当着大家的面给我一个人夹菜，太尴尬了。"

地雷二：不愿意分享，只顾自己。

"有舍才有得，不要只顾自己，别人会觉得我们家自私、小家子气。"

地雷三：在外很疲惫，回家还要他做事。

"我很累，不想说话了，你自己倒水吧。"

地雷四：在鸡毛蒜皮的小事上麻烦他。

"下水道堵了这种小事，你自己不能搞定吗？"

地雷五：任性，做任何有损他社会形象的事。

"不能总是看你喜欢不喜欢，不喜欢也不能摆在脸上。你不给人家面子，人家以后就不会给咱面子。"

地雷六：阻碍他参与及组织"大事"。

"这事是'放长线钓大鱼'，我已经答应大家投资了，不要拖我后腿，丢我脸。"

三种本能类型在婚恋关系中的冲突

我们已经知道三种本能类型的婚恋模式和应对方式，现在到了三大本能"性格对对碰"的时候了。他们是如何彼此碰撞的呢？会不会像火星撞地球？他们会怎么看彼此？

自保型 VS 一对一型：睡沙发 = 不爱我？

自保型	一对一型
务实、实用主义	跟随感觉和心情
重事	重情
计划、预算	即兴、随性
实效到位	用心连接
亲密有界 / 界限	亲密无间 / 连接
舒适度	亲密度
先照顾好自己	忘我，把自己"扔"给对方

　　自保型和一对一型组成亲密关系的主要问题在于，自保型人"务实重事"，注重"计划"和"实效"，实用主义；一对一型人则"务虚重情"，注重"感觉"和"心情"，且随性善变。这两种类型组合起来会引发很多矛盾。

　　在亲密关系中，自保型人一聊天就容易谈事，而一对一型人喜欢有一搭没一搭地谈情。自保型人经常切断情感连接去做事，让一对一型人感受不到爱和重视，容易情绪化、作、折腾。一对一型人愿意基于爱付出很多，但希望自己的付出都是心甘情愿的，一旦被自保型人要求，他们反而会拒绝或难以做好。

如果自保型人因为交代过的事情没做好而责怪一对一型人，一对一型人就会感觉伤心和委屈，认为自保型人把事情、金钱看得比自己还重要，没有照顾自己的感受，无视了自己付出的感情。而自保型人认为事情没做到位就是没用心。

由于自保型人以"事"为先，容易把亲密关系中的连接视为事情和任务；而一对一型人则以"情"为先，重视事情背后的"用心"。例如买礼物，自保型人喜欢对方明确表达需求，会专注于满足实际需求，不太会揣摩猜测，常常把一对一型伴侣没有明确提出的需求理解为不需要；一对一型人则喜欢让对方猜，希望伴侣用心留意和琢磨自己的喜好，在意被关注和被"看见"。

在变更计划上，两类人也常有冲突。一对一型人常有一些临时、即兴的想法和玩笑，考验自保型人是否舍得为他改变，如临时决定一起旅行、买个计划外的礼物。自保型人容易当真，会认真落实，两人可能会产生冲突。

关于亲密关系中的界限感，两人分歧更大。自保型人要"亲密有界"，一对一型人要"亲密无间"。自保型人嫌弃一对一型人太黏人，一对一型人则把自保型人的"独处"和"界限"视为对自己不够爱的表现。

另外，一对一型人在亲密关系中容易失去自己，把自己"扔"给对方；而自保型人认为要先照顾好自己。这会让一对一型人感到自保型人自私、以自我为中心。

朱先生的失败约会

自保型朱先生和他的一对一型妻子小丽谈恋爱时，约会经费一般都由朱先生承担。

有一次他们约好去某景点游玩，小丽在景区门口的一家服装店里看中了一件很贵的衣服，价格占了当时朱先生大半个月的薪水，如果买了的话当天经费就会大大超支。

朱先生："今天我们是来景点游玩的，不是来买衣服的。买了这件衣服的话后面景点游玩的费用就要缩水了。"

小丽："我就是喜欢这件衣服，我就想买！多花点钱就多花点了，或者行程改一下也可以啊！"

朱先生："行程是我们之前都定好的，怎么能随便改呢？再说在景区的店里买不实惠的。"

小丽很不高兴："你就是太死板，就是不肯为我花钱！我不买了！景点也不去了！回家！"

约会之旅不欢而散。第二天朱先生为了让小丽开心，偷偷跑去那家店买了那件衣服。"满足你的要求了，你总该开心点了吧！"朱先生说。但是小丽仍然不开心，不屑地说："有什么好开心的？你当时舍不得买，现在买回来我也没感觉了！"

睡沙发 = 不爱我？

一对一型老婆小艳抱怨自保型老公大生总是会睡在沙发上，甚至有些时候，大生本来是睡在床上的，却半夜爬起来去睡沙发，小艳对此很不理解，也非常介意，觉得这是感情出现危机的标志。

小艳实在受不了了，质问大生："为什么你老不回房间睡觉，那么喜欢睡沙发啊？是不是不爱我了？"

大生说："我回来太晚了，比较累，不想洗澡，也不想影响你休息，所以我就干脆睡沙发了！"

小艳反驳道："没关系，我不介意！反正你以后不管怎样都必须回房间睡觉！而且你有时候夜里自己爬起来睡沙发，就这么嫌弃和我一起睡吗？"

大生只好解释说："我经常加班，工作那么累，睡沙发我也是为了睡眠质量。你喜欢抱着睡，把我搂得太紧，我不舒服。而且你睡相不好，一会儿又把我挤到一边，我一点空间都没了，夜里经常被你弄醒，所以只好去沙发再睡一会儿。"

跑了半座城给你买的小龙虾，你说不吃就不吃？

一对一型女友可可突然说好想吃小龙虾，自保型男友大力决定给她买，但是可可喜欢吃的那家小龙虾距离他工作的地方很远，要跨过半座城。

于是，大力特地请了两个小时假，推掉了一个客户，排了一小时队，终于买到了小龙虾。买回来后，可可吃了几只，就说不想吃了，没有想象的好吃。

大力很生气："我花了一下午时间，跑那么远买的龙虾，你说不吃就不吃？"虽然他不太爱吃龙虾，但还是气呼呼地把龙虾吃完了。

可可说："你对我的爱，我收到了，龙虾吃不吃不重要嘛。"

大力听了更生气："我的时间、精力都花掉了，你说不吃就不吃，太浪费了，等于我白跑了一趟！"

在自保型人与一对一型人的亲密关系中，双方完全可以利用彼此的特质在生活中互补：自保型人发挥实用主义的特质，为家庭提供基本保障；一对一型人用他善于开拓的特质，创业或从事一些风险高收益也高的行业。而在情感中，双方应多理解对方的本能需求和与自己的冲突本质，寻找双方情感上的需求交集，多沟通、多理解，定能让亲密关系更美好。

社群型 VS 一对一型：我要的是约会，不是聚会

社群型	一对一型
顾全大局	小情小爱
双方家族	二人世界
分享、共享	专属、偏爱
适应群体	个性表达
外人优先	爱人优先
广泛连接	深入连接

社群型人与一对一型人组成亲密关系的核心冲突点在于，社群型人总是"外人优先"，一对一型人则希望"爱人优先"。

一对一型人认为自己无论何时都应该居于伴侣心中的第一位，而社群型人则认为爱人是自己人，是支持者，要以外面的朋友为先，希望一对一型爱人懂事，不要任性。这容易引发双方的冲突。

一对一型人强调专属性和偏爱，社群型人则强调共享和兼顾大家。无论是双方共处的时间还是物品，一对一型人都希

望独占，而社群型人倾向于分享。专属与共享是两人常见的冲突。

社群型人除了家里为数不多的大事，一般都会以外面的事情和朋友为先。他们对家人心不在焉却对外人"朋友至上"，这会深深刺痛一对一型伴侣。同时，社群型人经常共享本属于二人世界的东西，比如把约会变成聚会，甚至把一对一型人专门买给自己的东西分享给朋友。一对一型的爱人希望彼此有专属的礼物，反感社群型伴侣的"批发式"赠礼和共享、转赠礼物。一对一型人会深感受伤，仿佛在社群型爱人心中，任何外人，哪怕是不熟的朋友、很远的亲戚都比自己重要。

在公众场合，社群型人避免突出亲密关系，更强调"我们大家都一样"。任何可能被大家误解为"秀恩爱"的行为，社群型人都觉得不得体、没面子。如果一对一型爱人在正式场合单独给自己夹菜或者倒饮料等，社群型伴侣会觉得不得体、丢脸。这也会让一对一型爱人受伤。所以很多一对一型人不太愿意和社群型人出去聚会，见朋友，宁愿在家里"独守空房"，也不想在聚会上"委屈失落"。

此外，社群型人不喜欢太深入的沟通和连接，他们的人际关系广而不深；而追求亲密连接的深度是一对一型人所喜欢的。社群型人的深度连接很难持久，往往徒留一对一型爱人意犹未尽，暗自神伤。

在对待婚姻的态度上，两种类型的人对"家"也分别有不同的定义。社群型人对"家"的定义范围更大，包括了整个家族。他们会为家族做很多事，承担很多超越小家庭的责任。社群型人对亲密关系的付出，往往是支持对方的家族，但这一点并不是一对一型伴侣所关注的。一对一型人更看重二人世界的小家庭，他们希望对方把焦点放在两人的情感上，放在小家庭、而不是双方的大家族上。

我要的是约会，不是聚会

一对一型老婆小英经常吐槽社群型老公"重友轻色"。到周末了，她想和老公一起去爬山，老公说："好啊，我问问小张他们两口子有没有空，人多了热闹。"小英很生气，坚持要两个人单独爬山，两人为此吵了一架。

还有一回，小英的生日快到了，老公说："巧了！我一个朋友和你一天生日，要不你俩一起过吧？"这让小英很气愤："我才不要！你要么单独陪我过生日，要么你自己去和你朋友过！"老公很无奈，只好给两人各买了一个蛋糕，先陪小英在家吃了蛋糕，再赶过去为朋友庆祝生日。

案例2

社交场，要不要这么个性？

一对一型老婆小娟经常和社群型老公共同出席一些社交活动，小娟特别喜欢发表个人观点，表明自己的立场。老公私下对她说："以后你要聊大家关心的事，不要只聊你关心的事。你怎么样，你喜欢什么，这都不重要，重要的是大家关心什么。你得懂事，多去配合别人，不要太突出自己。"

小娟说："我真实表达自己的想法怎么了？都要像你那样虚伪么？有什么想法都不敢说出来，谁还能和你交心？"

老公说："你可以表达自己，但得分清场合，不能肆无忌惮地表达，不管别人高兴不高兴。你自己猛说一通，仿佛你才是主角！"

案例 3

"爱面子"的丈夫——外人永远比我优先

老公小陈是社群型，老婆思思是一对一型。二人经常因为一些琐事吵架。思思抱怨老公对外人永远比对她好，小陈则觉得老婆总是耍性子，太任性。

小陈很爱面子，每次请客吃饭的档次都很高。可一旦和老婆两个人在外面吃饭，往往一碗面就解决了。思思对此很不满："他请别人吃饭，多少钱都可以，轮到我就是吃刀削面。我最恨刀削面，谁跟我提刀削面，我跟谁急！"

思思觉得更"虐心"的是老公叫她一起去招待客人，每次都让她憋一肚子气。"他对别人家的夫人都比对我好。他有个朋友王总，那王总夫人爱吃什么，不爱吃什么，他门儿清，就是不知道我这个老婆爱吃什么。这本来已经让我很吃醋，但我还得忍着，得照顾他的面子，帮他照顾好那些别人家的夫人。他叫我去接待都是有目的的，比如他要请两桌，我得帮他陪一桌。他眼里只有朋友，全程忽略我，如果我抱怨几句，他永远是那一句，让我懂事一点。"

　　一对一型爱人需要看到，社群型爱人所做的一切，有为家庭办大事而不断积累人脉资源的长远考虑，是在为工作升迁、孩子升学、父母看病、重大项目等大事铺路，他们调用自己积累的一切人脉资源为彼此的家族谋划更长远的福利。

　　同时，社群型人也要看到一对一型伴侣对亲密关系的付出，他们为维护亲密关系、迎合社群型人的需要做了很多迁就和牺牲，他们往往并不享受社群活动，也不理解社群型伴侣"重外轻内"的做法，但为了爱，也愿意带着委屈去配合、支持社群型伴侣，维护社群型伴侣的社会形象。社群型人千万不要觉得一对一型爱人所做的只是基于"懂事"的理所当然，要多"看见"一对一型爱人，在私下里多用点心思抚慰并呵护一对一型伴侣的心，创造一些只属于两个人的深度连接，以满足一对一型爱人对二人世界的浪漫期待。

社群型 VS 自保型：要面子，还是要过日子？

社群型	自保型
共享	界限
大家利益	小家利益
资源整合 / 依赖人脉	亲力亲为 / 独立
大事 / 大局	小事 / 小家
存人脉	存钱
委婉、变通	固执、直率
要面子	要里子

自保型人和社群型人组成亲密关系，最大的冲突在于自保型人聚焦小家的经济安全保障，注重"过日子"，社群型人则喜欢参与和奉献家以外的群体和事务，关注自己在家族和社交圈的"面子"。

社群型人容易为"面子"讲排场、铺张浪费、大手大脚，让自保型爱人在经济上缺乏安全感。社群型人觉得自保型爱人太抠门、小家子气、格局太小、鼠目寸光，拖了自己的后腿。

他们可能会在花钱、借钱、出份子钱上引发巨大冲突。

自保型人恪守的信条是先顾自己，再顾外人。自保型人不能容忍社群型爱人毫无计划地把家里的资源慷慨地分享给外人，认为这是"穷大方"。但是，自保型人这种处处为个人和小家精打细算的做法，社群型爱人会很反感，认为太过小气吝啬，格局太小，一心只为自己，丢人！一旦自保型人对小家的保护破坏了社群型人慷慨大方、奉献集体的社会形象，他们之间的矛盾就会激化。

对于自保型人来说，人与人之间是彼此独立的，每个人都要独立靠自己；而社群型人则认为人与人之间就像一张网，是相互联系、彼此连接的。自保型人"量入为出"，精打细算，个人"帐篷"里有多少我就用多少；而社群型人则认为，所有人的"帐篷"里的东西都可以彼此共享和流动，也可以说社群型人是没有"帐篷"的。

社群型人在金钱上奉行"财散人聚"，经常借钱给朋友，常有太多烂账收不回来或者根本不好意思去要。自保型人看到有一大堆钱在外面，会着急催促社群型爱人把钱要回来，然而，十分在意自己在圈子中形象的社群型人很怕"要债"会破坏自己的名声和人际关系，宁愿放弃。对他们来说，关系和名声比钱更重要。围绕借钱和要债，二者经常爆发冲突。

自保型人关心"关起门的事"，社群型人看重"门外的事"。

自保型和社群型的夫妻常过成"房东"和"租客"的关系，他们一个在"家里"，一个在"家外"。在家里自保型人感觉不到对方在生活细节上的支持和共担，无论是柴米油盐还是家人健康等都是他们的关注焦点。在社群型人看来这些都是"小事"，自己每天在外面操心的都是"大事"，希望这些"小事"不要麻烦自己，也不愿意操心鸡毛蒜皮的家庭琐碎，甚至回家后还希望自保型爱人照顾自己。

在社群型人看来，不需要动用外面的人脉关系的，都可以视为"小事"，自保型人则会觉得社群型人"不负责任""不顾家"，这会经常引发两种类型的人的激烈冲突。

关起门来的矛盾，社群型人还可以忍受，更大的矛盾可能会涉及有外人在场的情况，比如请客时如果社群型人认为自保型爱人在外人面前丢了面子，一定会十分愤怒，二人的冲突不可避免。另外，在送礼方面两类人也有很多冲突，社群型人可能会把自保型爱人私藏的好东西作为礼物送出去，这种不打招呼的送礼会激怒自保型爱人，他们甚至会不顾社群型人的脸面"追回礼物"，由此爆发出家庭矛盾。这样的例子不胜枚举。

此外，社群型人说话委婉，审时度势，用语把握轻重；自保型人则喜欢就事论事，说话直接。在公众场合自保型人的直率可能会让社群型人觉得尴尬，丢面子。

自保型人做事喜欢亲力亲为，容易事倍功半；社群型人则喜欢整合资源，经常事半功倍。在自保型爱人辛苦忙碌的时候，他们打几个电话，动动嘴皮子就把事情解决了。社群型人不喜欢亲力亲为，但绝不是不负责任、好逸恶劳，他们只是用一种看似轻松的方式在做事，而且在需要人脉资源的事情上，他们往往做得更好。

案例 1

你到底是要面子，还是要过日子？

有一对夫妻，老婆小琴是自保型，老公宏伟是社群型。宏伟经常抱怨小琴让他没面子。很多次请朋友吃饭，小琴总是说："去楼下的饭店请客就好，实惠，而且菜也好吃。"但是宏伟觉得档次太低，没有面子，要去五星级酒店，被小琴大骂："你就是穷大方，死要面子！"

有一次宏伟请朋友吃饭，小琴不断跟他抱怨为什么不能找实惠一点的酒店，让宏伟非常难堪。更要命的是，在点菜的时候，她会反反复复拿菜单上的价格和菜市场的比，还偷偷摸摸地说："这个菜在菜场卖得很便宜的，这里这么贵，宰人的，不要点！"

还有一次宏伟没等小琴到就把菜先点好了。小琴到了，看了下菜单，说："哎呀，点这么多呀，这个点多了，这个点贵了……"当着这么多人的面，宏伟恨不得找个地缝钻进去，又不便发作，回家两人为此大打出手，差点离婚！

出门别找我，回家别烦我

林总是社群型，林太太是自保型。林总每天参加很多饭局，见很多人。林总经常跟老婆说的一句话是"我在前线拼命，你在后方支持"，这是他对老婆最大的需求和期待。

林总最反感的就是在饭局上接到老婆的电话，问他什么时候回家，以及告诉他家里的一些琐事。为这事林总特别警告老婆，绝对不允许打电话问何时回家，有什么事情回家沟通，家里的事情都是小事。

然而，林太太受不了的是，林总一到家就"躺尸"。一旦她说："孩子最近期中考试成绩下降了，你看要不要给他报个补习班？""家里的马桶又坏了，得修了！""咱家的厨房是不是得重新装修一下？"……林总就气得指责老婆："我在外面干大事都累死了，这些小事你就不能自己处理一下？"

林太太说："你又不让我打电话找你，你说回家说，可你回家了，也不听我说。家里的事、孩子的作业你从来都不管。"

林总憋了一肚子的火终于爆发了："我为大事忍了那么多，你这一点小事为什么不能忍？我陪着讨厌的领导喝了一晚上的酒，你连一个小孩子的作业都搞不定。然后你还找我，你说我不负责任，我在负那么大的责任，你一个小责任都不负一下？行，下次换你去陪领导，我来改作业！"

一个电话就解决的事，干吗亲力亲为？

自保型老黄经常自己在家修理东西，社群型老婆从来不动手。

有一次，家里的宽带坏了，老黄折腾了大半天还没搞好。老婆嘲笑他："你干吗自己弄呢？"老黄说："你整天就是动嘴不动手，我自己修好就用不着花钱了。"

结果老婆打了个电话，居然很快有专业人士上门修好了宽带，还没花钱。老黄很不解，老婆笑着说："我人缘好嘛。"

自保型人比较务实，看重实用性，看重现有资源和当前利益；社群型人注重关系，看重潜在资源和长远利益。自保型人的勤俭持家、操心家事、保护家庭界限与社群型人的会做人、整合社会资源、积累人脉、共享精神是高度互补的。自保型人的独立实干加上社群型人的人脉整合，可以取长补短，创造出更高效的合作。

以上三种关系冲突，都因本能不同引起。如果能彼此理解对方的性格，欣赏不同的优势，取长补短，无论两个人是哪种类型，都定能增进关系和谐，让家庭更幸福！

三种自我觉察，塑造好的亲密关系

想要获得幸福美满的婚姻恋爱，除了理解伴侣，还需要在自我觉察上下功夫，在亲密关系中修行。最后我们再说说三种本能类型的人关键的觉察要点和成长方向。

自保型人在亲密关系中的成长

自保型人的务实精神是可贵的，但仍然需要有意识地表达爱，连接爱人。很多自保型人花了太多精力、金钱去哄一对一型伴侣，实际上，对方要的并非是金钱或者要你做什么事，而是要和你连接，只需要你有一颗"舍得"的心。一旦你缺乏表达，对方就容易接收不到爱。

婚姻恋爱关系毕竟不是合伙开公司，很多事情无法权责利分明。自保型人的"分清责任"的思维，会让爱人觉得不舒服。"你的"和"我的"的界限会影响亲密关系中爱的传递，会让对方误解你"爱物多过爱人"。

此外，自保型人给家人的"托底"，出发点是好的，但对爱人来说，比起保障，当下的心情或者人际关系可能更重要。很多自保型人的爱人也表示他们并不需要托底，觉得小看了自己，而且这样也会失去更多的可能性。

所以适度的"托底"是可以的，一旦你过分"托底"，托得很辛苦、很焦虑、很委屈，甚至指责是对方导致自己很焦虑，承担过度，你就需要觉察自己是不是太过需要那份自保本能的安心和确定了。须知这是你的需要，而不一定是对方的需要。

一对一型人在亲密关系中的成长

一对一型人在亲密关系中，要特别留意不要把自己扔给对方，失去了自己。一旦你爱上一个人，你的心就会不自觉地受到影响，仿佛只有全方位地关注对方，对方全天候地关注你，你才能感受到那份纯粹的真爱，感受到生命的意义。

一对一型人需要觉察，你在无尽的"嫉妒""比较"中，容易失去自己，也消耗了爱人。一对一型人的成长，是在关系里"看见"自己，保持连接，保持独立，相信自己值得被爱。

另外，一对一型人热爱求偶期的浪漫激情，但最后常常是永远的失落。无数一对一型人通过一次次恋爱消耗自己的激情，而自保型人与社群型人在求偶期过后就不再寻求浪漫激情了，他们开始养育孩子，赚钱养家，进入自保和社群本能的领域。

社群型人在亲密关系中的成长

社群型人容易失去对家人感受和生活细节的关注，享受觥筹交错、高朋满座的时光，却忽视了家里那个等他的人。

很多社群型人在亲密关系里，不喜欢和对方深入连接，经常"走神"，宁愿花时间去聚会、开会，或者讨论当下的时政和社会问题，脑子里都是各种"大事"，这会让爱人觉得和你"失连"。

社群型人对谈论生活中柴米油盐的琐事本能地排斥，觉得这与他们所关注的"大事"比起来太琐碎，不值一提。然而，这会导致自己和爱人、孩子相处的时间变少，对生活细节的照顾不足，也会让亲密关系变得疏远。

此外，社群型人常常在内外形象上很不一致，出门就是"家庭和睦""母慈子孝""公而忘私"，还要伴侣配合自己，要他们懂事、有礼貌、有格局，然而回到家可能就变了一副面孔，这会让爱人感到你不够真诚，甚至会质疑你的真心。

如果说"重外轻内""重友轻色"是为了社会形象的体面，那么社群型人对爱人私下里多一些关怀和偏爱也是特别需要做的。不要对爱人在外的言行举止有太多的挑剔，因为那是你过于在意自己的社会形象了。

三种本能类型
的亲子关系

自保型家长：有计划、讲规则，怕失控

"好好学习，好好吃饭。"

"先做完该做的事，再去玩。"

"要有一技之长。"

"今日事，今日毕。"

"从小要养成良好的生活习惯和规律作息！"

"做事要有时间节点概念。"

"现在你最主要的任务是学习，其他都是不重要的小事。"

"不要天马行空，好高骛远，要踏踏实实，做好眼前的事！"

● **自保型家长自述案例** ★

　　我是一位自保型的妈妈。孩子小的时候，每次我们全家出去旅行，都是我收拾箱子，所有我觉得要用的东西都会带上。我跟孩子说你自己也把你的东西收拾收拾，她每次都说不用，我们带个妈就行。

　　孩子上初中时跟我说："妈妈，我以后要挣好多好多的钱。"我问为什么。她说："送你去最好的养老院。"然后我说："孩子，你只要不花我好多的钱，我自己就可以进最好的养老院了。"现在年纪大了，我也更加注重健康，尽量不给孩子添麻烦。我老了也是绝对要靠自己的。

她在国外上学期间，在餐馆打工，生活费她自己负担。我经常跟孩子说要独立，你不能靠我养，要能自己养活自己。作为自保型家长，我会考虑很长远，我毕竟不能陪她一辈子。

我会给孩子攒钱，但只是给她准备，决不能让她依靠我。

自保型家长对孩子的期待和关注焦点是务实踏实、独立自立、本分节制、有一技之长，具体如下。

- 有独立生存能力，靠自己，不依赖他人。
- 认真努力学习，有生存危机意识。
- 踏实务实，掌握一技之长。
- 从小养成良好的生活和学习习惯。
- 做事有计划，说到做到，有时间节点概念。
- 节制，不乱花钱，不攀比，不浪费。

自保型家长对孩子爱的表达和养育方式，如自保型人对待其他事一样。

1. 重视学习，关注学习成绩

自保型家长重视学习，在他们看来这就是孩子的"主业"，除了学习其他都不是事儿。自保型家长也重视学习成绩，会给孩子报必需的培训班，目的主要是查漏补缺，提高学习成绩或者储备一技之长。

"你必须先完成作业，再去玩。你现在除了学习，其他都不是事儿。"

2. 严格要求孩子遵守约定的标准和规则

自保型家长基于对孩子健康、学习的考虑，往往会制定比较严格的规则，并会坚决贯彻执行，决不放水，而且反感别人放水。

如果孩子不遵守他们制定的规则，自保型家长就会觉得要失控。孩子只要有一次不遵守，家长就会强硬地执行。

"在我自保型爸爸的概念里，最晚10:00就得睡觉。如果10点了我还慢慢吞吞的，没上床，他就发火了：'几点钟了还不睡觉！'然后他就开始上升高度，说什么10:00不睡觉影响长个儿了，什么智力下降、记忆力下降了，然后就是各种道理、各种抱怨，再强制执行。总之就是要早睡早起。"

自保型家长对失控的敏感度是最高的，他们特别害怕失控，包括孩子的健康失控、学习失控、就业失控等。

3. 为孩子提供稳定的物质和生活保障，并教育孩子勤俭节约、量入为出

自保型家长希望孩子能依靠自己的能力安稳过一生。他们会给孩子攒一大笔钱，但不见得会给孩子，对孩子依然是"给我能给的，给你必需的"。攒钱只是给未来保底，是一种以备不时之需的保障。

他们喜欢教导孩子独立解决自己的问题，自己的事情自己做。

"我大学时候和同学一起创业，需要投资。自保型的妈妈觉得不靠谱，坚决不给我钱，说：'你要投资这个事儿，我觉得你不要做，有很大风险；如果你一定要做，那你就自己想办法。'"

自保型家长认为孩子不能乱花钱。不管家里有多少钱，自保型家长希望孩子有界限、有底线。自保型家长平时只满足孩子的合理需求，杜绝奢华浪费。

4. 和孩子划定界限，要求孩子独立负责好自己的事情

自保型家长会和孩子一起做事，但更喜欢的状态是在同一空间里，和孩子各自做各自的事情。为孩子选择学习班他们也会特别考虑"课程对家长配合要求是不是很高"这一条。

自保型家长认为孩子是一个独立个体，需要自我负责。家长做好家长该做的，孩子也要负责好自己该负责的。

"如果孩子记不清或者记错老师布置的作业，我会觉得他学习态度有问题，根本没认真听讲。自己的事情自己都不用心，这是最不可原谅的！"

5. 持续稳定地照顾，随时满足生活需要，密切关注身体状况

自保型家长对孩子的生活照顾比较细致，尤其在吃饭这件事上，他们哪怕很忙，也不会随便买点面包、泡面、饼干，让孩子将就。

"我爸爸是自保型的。小时候我在家里吃饭，他老给我夹菜，并说你要按时吃饭，要吃饱。我就觉得他很烦。我说我又不是残疾人，老给我夹菜干吗？"

自保型家长高度重视孩子的身体健康，密切关注孩子的身体状态，"你怎么好像有点咳嗽""不要久坐，多运动""不

要熬夜"。他们关心细节，生怕孩子的健康出现任何问题，但过度关注，可能会给孩子"用错药"。

"我很重视孩子的饮食健康，做饭时会考虑膳食营养平衡，科学搭配。我每天要求孩子喝一杯含钙牛奶，吃一个苹果。"

6. 帮助孩子制订计划、养成良好的习惯，并要求孩子严格执行

在孩子的学习和生活上，自保型家长会帮孩子制订一系列的计划，比如给孩子安排课外班，制订各种学习计划、锻炼计划，并且他们愿意陪孩子贯彻执行计划。

他们目标明确，会提前想好孩子的小学在哪儿读，初中在哪儿读，并且会提前做好相应的准备工作。

自保型家长相信，一个好的习惯会让孩子终身受益。他们会帮助孩子养成各种良好习惯。在小孩很小的时候，自保型家长就会在这方面严格要求。

"树要从小育，一旦长大了，坏习惯就不好改了，再说也不听了，来不及了！"

自保型家长也特别喜欢教孩子一些自己实践总结出来的好方法，比如功课复习方法、记笔记的方法、物品归类整理法

等，都很具体，有细节、有步骤。

如果孩子自己没有计划，或做的计划不具有可行性，自保型家长就会希望孩子按自己实践过的、行之有效的计划来学习和生活。如果孩子执意不听自己的建议，他们可能会故意不提醒，让孩子自己承受后果，让他们体会一下"不听老人言，吃亏在眼前"的感受。

自保型家长特别反感孩子做事虎头蛇尾、变来变去。能力上做不到可以寻求帮助（自保型家长往往愿意提供帮助），态度上不想做决不可以。

在孩子没有执行计划的时候，他们会又担心又生气。在孩子突破底线之前他们通常会忍着不说，但会认真盯着。一旦他们认定孩子突破了底线，那就没有商量余地，他们会变得严厉而无情，不在意孩子的感受，而更在意责任的承担、计划的执行、事情的完成。无论孩子心里多么委屈难受，哭也没有用，必须先完成任务。

"我本来跟孩子说好下午 4:00 开始背单词，结果他 3:58 还在打游戏，且没有要结束的意思，这容易让我'爆炸'。我认为，定好 4:00 开始，就应该 3:50 结束游戏，3:55 准备书本，3:58 就已经坐在那里了。说 4:00 就 4:00，不能随性。"

7. 持续关注孩子的状况变化，确保稳定可控

自保型家长会关注孩子的动态变化，特别是孩子的"反常"状况。

"每个周五下午去接孩子，孩子上车后我们都会先聊会儿天。我希望通过聊天来判断是否一切正常。如果发现有些反常，我就会问：'哎哟你咋了，有什么事情吗……'然后，我也许会以半开玩笑的方式与孩子进行讨论。当孩子过于消极时，我不会直接过问，也许什么都不说而是先让他过个轻松的周末更好，私下里我会跟老师沟通，做到心里有数。下周见面后再用以上方式跟孩子沟通。"

8. 关注孩子的未来发展，有意识地培养孩子的一技之长

自保型家长特别关注孩子的提升、发展和成长。他们督促孩子学习更多的技能，提醒孩子进行充分的资源储备，以应对不确定的未来人生。自保型家长对孩子的未来生存问题最为关注。

自保型家长在孩子教育上，也如做其他事一样，有一定的局限性。

1. 对孩子的未来容易过分担心焦虑，传递生活不易的态度

自保型家长经常很节省，或者无意识地传递"生活不易"的态度。

"我儿子模拟考试成绩滑到了中游，我就跟他说：'你现在这个成绩，大学是考不上了，你干脆暑假体验一下在工地搬砖吧！'"

自保型人认为的"有钱"，是他们内心感觉"经济安全"。但这个安全的"阈值"太高，就会显得经济拮据，生活上总是容易抠。

所以自保型家长要留意自己可能会给孩子带来的负面影响，避免孩子从自己这儿继承不安全感和匮乏感。

2. 关注物质和金钱，让孩子误会父母爱物、爱钱胜过爱自己

过于节俭、对孩子消费严格要求，都可能让孩子误解父母很自私、自我，认为父母爱物、爱钱胜过爱自己。

因此，自保型家长要有意识地和孩子说些表达情感的话，一起做些看似无用的事情，增进亲子之间的情感连接。不然付出了那么多，却因缺了连接而导致亲子关系疏远，那就太遗憾了！

3. 因担心孩子"失控"而全面掌控孩子，固执地执行自认为对的标准

过于掌控孩子，是自保型家长和孩子发生冲突的重要原因。

全面掌控会给孩子造成很大的困扰，特别是对一对一型孩子，他们会觉得没有自由。

在我们的个案中，一对一型孩子为反抗自保型家长的全面掌控，经常发生暴力的、肢体的、有失体面的、亲情碎一地的恶性亲子事件。

"我只是要求孩子每天喝一杯牛奶。我端给他，不知道他怎么了，坚决不喝。我就坚决要求他喝掉。结果孩子忽然之间就说要离家出走，摔门而出。这到底怎么了？我真的非常委屈。我只是说让他喝了这杯牛奶，他怎么忽然之间就'疯'了？"

自保型家长很委屈，他们觉得自己就像"老妈子"一样，天天跟在孩子后面转，不就是为了孩子好吗？难道还要卑微到尘埃里？"熊孩子不听话也罢了，还要这样对我，这不是不孝顺吗？"其实，孩子也是个独立的个体，需要自己的空间。你一定要相信孩子会越来越好。

4. 把自认为好的方法和习惯强加给孩子，在教导上执着于过往经验，死板，缺乏开放性、可能性

自保型家长要尊重孩子的意见，"看见"彼此的差异，接受孩子与自己的不同，和他们一起探索更适合他们的做事方法，少一些焦虑，多一些信任，给孩子探索、试错的空间。要相信，每种类型的孩子都可以在自己的优势领域里获得成功。

如果遇到的是缺乏自保本能的孩子，他们可能总是学不会自保型家长教的那些方法。自保型家长不要觉得是孩子的态度有问题。不是所有类型的孩子都像自保型人那样自觉、独立和克制。即便孩子也是自保型的，他们也会抵制自保型家长干涉自己的学习和生活，而是更喜欢探索自己的方法，养成自己的习惯。

自保型家长要明白，人生不仅仅是"保一世周全"的稳定、安全、富足，新奇、挑战、挫折、冒险、激情会让生命更灿烂多彩。

5. 需要大量自我空间，容易过快或者强行切断与孩子的连接

自保型家长非常有界限感。哪怕是和孩子一起，陪孩子玩到了预定的结束时间，如果孩子还不尽兴，他们往往会态度温

和但坚决地离开。他们不允许孩子干扰自己的事情。孩子会觉得失去了连接，感觉受伤，经常会赌气不理父母。这时候，自保型家长一定要和孩子表达自己对孩子的爱，避免孩子误解。

6. 情感克制，不善于亲密的情感表达，让孩子感到疏远、冷淡，缺乏连接

自保型家长倾向于实用主义，因此重视给孩子良好的生活保障，却忽视在情感上和孩子的连接，即便陪伴也多半当作一个任务。自保型家长往往十分克制，回避直接的、亲昵的情感表达。这可能会让一对一型孩子感到疏远冷淡。

7. 倾向于传统、保守，容易抑制孩子的创造力

自保型家长在价值观和审美上相对传统、保守，接受新事物比较慢。如果孩子是一对一型且缺乏自保本能的，容易追求"潮""美""炫"，在发型、衣着方面的观点差异，易成为亲子关系冲突点。自保型家长担心一些"越轨""不学好"的行为会让孩子学坏，但这可能会抑制孩子的创造力。

一对一型家长：重感受、建连接，怕失连

"做你自己，你开心快乐最重要！"

"你最喜欢哪个老师？"

"这个……你喜欢吗？好玩吗？"

"你在班上有喜欢的男/女同学吗？"

"我们一起玩……吧！"

"买！你喜欢就买！"

"不想做就别做！"

"成绩是次要的，开心就好。"

"作业没做完就不要做了，明天我和老师说。"

"老师批评你，我也很难过。"

"先玩会儿游戏，再做作业！"

"妈妈超级超级爱你！"

一对一型家长自述案例

我是一对一型妈妈，用我女儿的话说就是妈妈秒变母老虎。有时候我和女儿好得跟一个人似的，什么都可以，什么都允许，完全释放她的天性。我可以跟她一起在地上打滚，给她天使般的微笑、闺蜜式的宠爱。但她也会突然迎来一张凶狠的脸。

我对孩子是最平等的。我觉得我们就是好朋友。我们可以处成好闺蜜。所以孩子也会感觉到轻松平等，很舒服。当然，我也会突然心情不好，对孩子态度大变，可能就是因为在外面心情不是太好，或者说在家里跟我老公闹别扭，其实跟孩子是没关系的。正常情况下，我跟她特别好的时候，她突然说："妈妈晚上我不想在家吃，你带我出去吃，好不好？"像这种情况，好的时候我会说："好的呀，你想吃什么？妈妈也想出去吃，那我们一起出去吃。"不好的时候，我会没好气地说："吃什么吃！在家里吃不行吗？家里饭不香吗？非要出去吃吗？"我学了九型人格以后就知道了自己的问题。然后我就慢慢跟她沟通。缺点也不是一下就能改的。我告诉孩子："当妈妈跟你发脾气的时候，你要多提醒妈妈。"

我是比较开明的。女儿后来考上了不太理想的高中，她不想上，自己选了喜欢的动漫专业去读职高，我欣然同意。不一定要通过读高中来完成梦想。但是，自己选的方向要坚持走下去。把喜爱变成热爱，把热爱变成梦想，把梦想变成现实。

一对一型家长对孩子的期待和关注焦点是希望孩子能跟随自己的兴趣、天赋，做自己喜欢的事，成为自己真心想成为的人。具体如下。

- 追随自己的兴趣和梦想，按自己的意愿选择人生。
- 找到自己内心的热爱和渴望，享受和坚持自己的兴趣爱好，发挥天赋优势和创造力。
- 关注孩子的精神空间和个性发展，注重心灵、精神层面的陪伴与指引。
- 自由成长，幸福开心。
- 用努力获得未来人生的"自由选择权"。
- 关注性教育和男女性别角色教育。

一对一型家长对孩子爱的表达和养育方式，如一对一型人对待其他事一样。

1. 用心关注和跟随孩子不断变化的情绪、感受、兴趣和关注焦点

一对一型家长善于感受孩子不断变化的兴趣点和关注点，更关心孩子的心灵世界，愿意与之建立深度的连接。他们会主动了解孩子所钟爱的人、事、物，了解孩子的兴趣点和关注点，如喜欢的明星、老师、音乐、游戏等。

2. 主动、即刻、超量满足孩子需要

一对一型家长不喜欢"延迟满足"。想吃就吃，不想吃就不吃，一切要随性、开心。很多一对一型亲子关系真的是"闺蜜式宠爱"。

"周末下午，我女儿喜欢吃下午茶，我们已经有默契了，到了那个点，她就会发一个信息说：'妈妈你懂的。'然后我就马上下单。她说：'妈，我突然好想吃寿司。'一分钟之内我就把那个我点餐截屏发给她了。她没说吃哪个口味，我就都点了一遍，任意挑选。女儿也是一对一型人。她吃的时候，如果只有一个，她会留一半给我。"

3. 建立深入的情感连接，喜欢拥抱等身体接触

相比自保型和社群型家长，一对一型家长和孩子有更多的深度连接，包括拥抱、抚摸等肢体接触。

4. 尊重孩子的喜好和兴趣，用心捕捉孩子的内心渴望

一对一型家长可以全面感受孩子的内心渴望。你想做什么，我就可以做什么，完全同频同步。他们并不太在意孩子是否有实用性的"一技之长"，但很在意孩子能不能发挥特长、天赋和实现自我。

"我女儿小学三年级时，老师推荐去学钢琴，但她好像对钢琴并不是很感兴趣。我问她想学什么，她说不知道，我就让老师带着她把培训班里所有的乐器全试一遍。试过以后我说你自己选，一旦选择了，就要坚持到底。后来她选了古筝，然后她就一直学下去了。"

5. 邀请孩子共同体验新鲜事物

一对一型家长会把对新鲜事物的关注传递给孩子，比如，邀请孩子一起上九型人格课，一起旅游，一起下河摸鱼，读同一本书，看同一部电影，一起分享拥有的快乐时光。他们相信，共同体验、共处的快乐给孩子留下的儿时回忆难忘而深刻。

6. 启发式的心灵陪伴，给孩子充分的自由和允许

一对一型家长注重心灵陪伴和精神引领，会给孩子充分的自由空间，如电影《银河补习班》里那位启发式的开明父亲。

一对一型家长与孩子的谈话通常是启发式的，他们是孩子的老师、教练、朋友，也是孩子的心理咨询师。此时他们能放下父母的身份，尊重孩子的内心感受和情绪。"无论你有什么想法，我都接受、允许。我们一起聊一聊你内心真实的想法

是什么。"这是一种陪伴式的疗愈。一对一型家长一般不设限，允许孩子自由成长，关注孩子的精神和个性发展，希望孩子可以自由地、无拘无束地做自己。

"女儿问我：'妈妈，长大了我不结婚，你会生气吗？'我说：'为什么要生气呢？你只要过得开心就可以了。'还有一次她又问我：'妈妈，如果将来我是同性恋，你会接受吗？你会生气吗？'我说：'为什么要生气啊？只要你觉得开心、幸福，只要你们俩是彼此相爱，彼此接受的，就可以了。'当时她都哭了：'太感动了！妈妈太开明了！'不过我提醒她，这种话千万不能让自保型的爸爸知道！"

一对一型家长在孩子教育上，也如做其他事一样，有一定的局限性。具体如下。

1. 太顾虑孩子的感受，容易妥协，难以坚持一贯立场，缺乏坚决执行原则的力度

一对一型家长在教育孩子时容易出现持续性差、稳定性差、心血来潮、不了了之的问题。尽管他们也会建议孩子早睡早起、吃健康食品，但如果孩子实在不想做，软磨硬泡，他们很可能会妥协，无法坚持立场，因为他们见不得孩子难受。

这种宠溺和纵容，会导致底线不断被突破。如果另一半是自保型的，可能会指责他"惯孩子"。

"我也很想让孩子养成良好的生活作息习惯，譬如吃饭、睡觉、洗漱等方面的良好习惯，但总是没法让孩子养成规律的习惯。我也缺乏坚持，坚持个几天就放弃了。"

一对一型家长的本意是希望孩子开心，自由成长。但如果孩子是自保型、社群型的，孩子不见得适应一对一型家长的这种养育方式。因此一对一型家长要学会确定界限，不能太纵容和宠溺孩子。

2. 情绪不稳定，忽冷忽热，迁怒孩子，让孩子没有安全感

一对一型家长的情绪问题不容忽视。他们自己情绪或状态不好时，不但做不到包容体谅，甚至可能把孩子当作"出气筒"。孩子本身并没有做错什么，却如同掉入地狱！这种强烈的反差会让孩子感到不安甚至惊悚，缺乏安全感。

如果是个自保型的孩子，他会觉得一对一型家长状态太不稳定了，毫无征兆。如果是个社群型的孩子，他可能会因此轻视父母，觉得父母不够成熟。

"状态好的时候，很慈爱，跟孩子很亲密，很友善。在我眼里孩子开心最重要，他就是我的心头肉。但突然有一天我状态

不好了，看孩子就会不顺眼，马上会质问他作业有没有写完，怎么又考这么点。"

其实这种情况是他们自己的一对一本能没有得到满足，因此他们也无法提供一对一的能量给孩子。那个原本天使般的爸爸妈妈，变成了伤害孩子的"恶魔"。

3. 多子女的一对一型家长，会有难以掩饰的"偏爱"，会让孩子受伤

一对一型家长，如果生了一个以上的孩子，就要留意自己是否存在"偏爱"的问题。"偏爱"会造成很多无法逆转的伤害，让被偏爱的孩子有恃无恐、被忽视的孩子诚惶诚恐。

"带大宝的时候，我觉得好幸福，恨不得天天跟他黏在一起。带二宝的时候我就觉得他好烦，觉得他事儿很多。我也不是对二宝没有感情，我有母爱，但我就觉得不是那么喜欢他。"

4. 对因陪伴孩子导致的"不自由"感到压抑和厌烦，会迁怒于孩子

现在有很多因陪孩子写作业而暴怒的家长。不要以为这些家长都是自保型的，其实也有很多是一对一型家长，为什么呢？

因为陪孩子写作业会让一对一型家长失去自由。"我本来想要放松一下，干点我喜欢的事，结果也没干成。"再加上孩子还不好好写，这个时候，一对一型家长就会抓狂。

"我是一对一型家长。孩子当时数学成绩不好，学校每天布置的《数学学霸》对孩子来说难度太大，孩子每天在这个作业上要耗大量的时间，完成的质量还不好。为此我专门到学校去跟数学老师申请此项作业不做。我这算一个反面教材，最后孩子没考上好的高中，也许跟我的纵容和溺爱有很大关系。"

5. 把自己从小害怕被约束以及现实工作的压力投射到孩子的学业上

一对一型家长内心从小对被约束的恐惧，可能会投射到孩子的学业上。于是，自我对抗就会外化为和孩子的对抗，如果现实工作不如意，就会更加逼迫孩子好好学习，免得孩子重蹈自己的覆辙。

6. 两个极端：要么过于关注，过分亲密，要么过于冷漠，不闻不问

一对一型家长最重要的是别把自己的一对一情感需求过度投射到孩子身上，因为孩子就是孩子。如果夫妻感情不好，

不要把一对一的情感作为替代，过于倾注到孩子身上。自己一对一情感方面受挫的时候，不要迁怒于孩子或者对孩子冷淡，这样可能导致孩子受到严重伤害。很多离异的一对一型家长，最容易出现以上两种极端状况。

"我爸是一对一型的，他和我妈妈离婚后，我跟着妈妈。因为他恨我妈，所以对我不闻不问，甚至对继母带来的孩子都比对我好得多。我一直想不通，我毕竟是亲生的孩子啊！"

7. 对孩子约束常常存在内在分裂感

一对一型家长容易走两个极端：要么放任自流，想给孩子自由，要么严厉管束，强迫孩子做不愿意的事情。他们在这两者之间纠结、焦虑，也是经常的事。

"我经常跟我儿子说：'你以为我想让你这样，我也不想。我恨不得你就别上这个学。你痛苦，我也陪你一起痛苦。'"

8. 任性、过量地给出自己想给的爱

一对一型家长更可能给孩子超量的深情、超量的连接。他们看起来非常爱孩子，但实际上有时候会做得比较过。孩子想不想要都得要。哄着孩子要，逼着孩子接受。这样做其实满足的是家长的需要，不是孩子的需要。

其实，不是给自己想给的就是爱。如果孩子不善表达自己的需求，家长就更要注意观察。不要轻易把孩子的沉默理解为接受。

"我是一对一型妈妈，我的孩子是社群型的。在小学毕业的时候，家长要给孩子写一封信，我就当成大事，然后我写了很多。我以为孩子看了以后会感动得泪流满面，结果他说：'老师这个作业，我觉得很浪费时间。'等到他打开我写给他的信，他却笑着说：'妈妈，你还挺会写作文的。'"

自保型和社群型孩子可能并不那么适应一对一型家长的深情宠爱。你要给予孩子想要的，而不是你想给的。

社群型家长：爱讲理、见世面，怕丢脸

"要大方一点。请同学吃东西，不要就自己吃，显得小家子气！"

"你不要老在家里待着。出去找其他小朋友玩玩不行吗？"

"宁可吃不饱，也不要抢！"

"你要和亲戚多走动，亲戚不走动就淡了，不能过'绝户'日子。"

"这是 ×× 家的 ××，你们加个微信，都在一个学校，有个照应。"

"在外要懂规矩，识大体，有礼貌，不能给别人添麻烦。"

"不要总是考虑自己，要多想想别人。"

社群型家长自述案例 ✦

我是社群型的妈妈。我女儿 14 岁。我一直不记得她几年级几班。前几天我跟她说今年中考毕业了，我带你去成都玩，她说我今年才上初二呢。场面瞬间尴尬了。

有一次朋友带孩子来我家玩，看到女儿的玩具就喜欢上了，我就说把这个玩具送给妹妹吧，可她就是不肯，当时我就很尴尬。等别人走后，我把她从房间叫出来，说："你都这么大了，要懂事。你要懂得分享，要大气一点。你这样不给别人，别人会说我们很小气的。"

周末，只要她说跟朋友出去玩要钱，我都会多给一点，并嘱咐她要请同学吃东西，不能买东西就自己吃，这样显得小家子气！

她买衣服的时候喜欢在网上买有个性的，我看到价格这么便宜，就不同意她买，说："你要买衣服，我们去商场里面买品质好一点的、贵一点的，女孩子穿衣服要穿得大方得体。"

我跟她讲得最多的话是："你不要只管你自己的喜好，从小就要懂事一点，要考虑一下周围人的感受，要合群，这样长大了才受欢迎。"

社群型家长对孩子的关注焦点是希望孩子成为一个善于合作和分享，对社会有贡献、有担当、有格局、有价值的"适者生存"型人才。

- 在自己的小圈子里"吃得开"，善于运用人际关系解决问题。

- 人际关系好，在同学中名声好；能担任班级职务，为团体独当一面；善于协作，有组织协调能力。

- 大方，有分享精神。
- 懂事，自我克制，懂礼节，有礼貌。
- 灵活应变、适应各种场合。

社群型家长对孩子爱的表达和养育方式，和社群型人对待其他事一样。具体如下。

1. 鼓励孩子有分享精神，学会礼尚往来，学做人

社群型家长非常担心孩子小气、抠门，只顾自己，不愿意分享自己的东西。他们认为，资源就是要共享的，不要老是分"你的""我的"，否则以后在社会上无法立足，人际关系会有问题。他们会给孩子相对较多的零花钱，那是希望孩子不要只顾自己，要兼顾大家、慷慨大方，多请同学吃饭，给同学买买礼物。

"孩子同学之间都会互相送点小礼物。如果孩子不回礼，我总是会旁敲侧击提醒她：'你不得回送人家些什么吗？你老拿人家的好意思吗？'"

2. 积极组织或创造条件让孩子发起或参加社交活动，并在活动中关注孩子的表现，事后指出需要改正的地方

他们希望孩子是个融入集体、适应环境的人际关系高手，通过多参加学校、班级组织的活动和校外夏令营等，团结同学，开阔眼界，增长见识，锻炼社交能力。他们希望孩子参与活动组织与筹备，学习如何和老师、同学搞好关系，要能察言观色，随机应变。活动结束后，他们也会帮助孩子复盘，进行指导。

3. 尊重孩子圈的"小社会"，培养孩子的自主权，不插手，锻炼孩子独立处理事情的能力（旁观及暗中支持）

社群型家长认为孩子之间的事情要他们自己去解决，要学会调动资源，开动脑筋，如：找小伙伴帮忙，主动联系班长和老师等。许多小矛盾在社群型家长眼中是很棒的锻炼机会。

如果孩子遭遇同学孤立或者发生人际冲突，他们也不太会直接找老师或者当事人。他们会帮着孩子分析问题的原因，提供解决问题的思路，鼓励孩子自己去面对和化解冲突。

"孩子过生日，他是主人，得自己去组织，请小朋友到家里来。我不参与，就是要培养孩子的一种'大人'意识，哪怕他才 10 岁。我可以背后支持，出钱出力，但是我希望他能够自己当一回小主人，去搞定这些。"

4. 注重孩子的阅历和视野的拓展，带孩子见世面、攒人脉资源

社群型家长会在孩子愿意的情况下，带孩子去参加各种社交活动，介绍孩子认识自己的朋友，参与自己的朋友聚会或公司组织的亲子活动、旅游等，为孩子的未来发展储备广泛的人脉资源。

5. 圈层选择，为孩子选择优质的学习和生活环境（"孟母三迁"）

社群型人很重视环境教育，他们认为人是受环境和圈子影响的。所以在圈层选择上，他们有长远的打算。比如他们愿意花更多的钱搬到高档小区，或者让孩子去一所好学校。

6. 抓大放小，给孩子宽松、自由、开放的成长环境

社群型家长是典型的"放养式"育儿。他们做不到事无巨细地关照，相信只要大方向对，孩子就不会跑偏。只要孩子将来能贡献于社会，说明他有价值且品德好。

因此，社群型家长较少唠唠叨叨，只要三观正，都会比较

包容，没那么多的叮咛、嘱咐。孩子的很多事情，他们都让孩子自己去决定。

"我从小到大对儿子说得最多的一句话是：'你将来一定要成为能对国家、对民族有贡献的人，这才不白活一回。'"

7. 维护孩子的脸面，注重孩子的荣誉

社群型家长很注意给孩子留面子，把孩子当作"小大人"，平等尊重。比如孩子有缺点、错误会婉转提出，不会在外人面前教育孩子。特别是在孩子的朋友、同学面前，他们更会维护孩子的脸面。即便孩子的确有特别不合适的举动，他们也会只是暗示或背后小声纠正。有些大人喜欢和孩子开玩笑，让孩子感到不适，这时，社群型家长常常会及时出来圆场，回去以后会给孩子疏导，降低孩子受心理伤害的概率。

社群型家长会特别重视孩子带到家里的小伙伴。他们会充分考虑到孩子的面子，热情接待孩子的朋友们，并全力保障后勤。

社群型家长一般会积极支持学校的各项活动，比如捐款、到学校参加劳动、为学校的事情提供人脉资源等。他们会担心老师在家长会上点名批评自己和孩子。如果有为班级、学校争光的事，他们也希望自己的孩子有一份贡献在里面。他们认为，这既是孩子的荣誉，也是家长的荣誉。

"有一次学校有大型活动需要有放飞和平鸽这个高潮环节，我就动用我的人脉资源，想办法给学校弄了一百只鸽子。孩子也因此感到很荣耀。"

"我很反感老师在群里公开批评孩子，孩子有任何不好的事情，都希望老师私下跟我交流。正好我的儿子是属于特别不听话的那种，头疼！"

8. 注重家风和教养，注重社交礼仪、规矩方面的教育和示范

社群型家长会经常教孩子如何待人接物。出门嘱咐孩子，回家后和孩子复盘。如果孩子缺社群本能，他们会感到有压力。

他们有时候也会安排小孩去亲戚家送礼，去之前往往反复叮咛，回来后还要详细问。

社群型家长最注重家风，注重孩子的教养。他们倾向于营造一个好的家庭、家族文化。类似我们王家的人要有××德行、品格、修养，等等。

9. 在实践中教导，引导孩子学会察言观色，观察环境和人群

社群型家长喜欢让孩子在社交互动实践中学习，会不失时机地引导孩子观察环境和人群，喜欢就某个社会热点现象和孩子进行交流讨论，看看孩子的观点和眼界。

社群型家长在孩子教育上，也如做其他事一样，有一定的局限性。

1. 大而化之，缺乏细节上的关注和支持，让孩子觉得没有被好好照顾，没有依靠感

"放养式"的教育，会让孩子感受不到父母的存在，很多小事都得靠自己去解决，会让孩子有一种无依无靠的感觉。

"小时候，父母经常不在家。爸爸经常社交，然后妈妈也一起追去参加，一日三餐根本指望不上他们，我和哥哥基本上就天天吃各种方便面。"

2. 让孩子感觉父母对外人比对自己好

社群型父母会更多照顾外人，包括做客的小朋友。自己的孩子对比之下会很疑惑，为什么爸爸妈妈对别人比对我好呢？

3. 容易让孩子成为社交工具，搞形象工程，引发孩子的虚荣心或强烈反感

社群型父母在社交场，有时候会把孩子作为社交工具。比如让孩子表演才艺，满足家长自己的"面子"需要。孩子的学

习成绩，也成了社群型家长社交的"工具"。这些行为有可能会引发孩子的虚荣心，或者让孩子很反感。

4. 内外不一致，让孩子内心分裂

社群型家长在外面"父慈子孝"，但是一到家就会变脸；或者在社交场表演"训斥孩子"。这些因环境和场合而定的社交策略，是做给外人看的。

孩子却无所适从，甚至内心分裂，不知道哪个爸爸／妈妈才是真的。他们难以接受社群型父母这种出门和在家的反差表现。

"有外人在场的时候，孩子犯了错误，我不会训斥孩子，那样会显得我很没有素养，教子无方。我会打圆场，转移大家的注意力，然后悄悄地跟孩子耳语：'等别人都走了，看我怎么收拾你！'此时我的脸上还是挂着笑容，因为怕外人看见。只要外人走了，或者一进家门，我的脸色马上就变了。"

5. 缺乏深度的情感连接，且陪伴时间过少

社群型家长的关注点很多，很难注意到孩子的内心世界。加上陪伴时间少，特别容易让孩子感觉不到和父母的连接。

"我一对一型的儿子很'作'，经常说我假装在听，根本就

不懂他。我也不知道怎样才叫懂他，我已经很努力了！我说我懂，他还发火！"

6. 教导孩子旁敲侧击，讲大道理，不够直接和具体

社群型家长在教育孩子的时候也喜欢旁敲侧击，但往往非社群型孩子会听不懂。这让他们很困惑：这都提示得这么明显了！还非要我直接说你不可？

社群型家长喜欢讲大道理，并不能像自保型家长那样有具体的落实方案和路径。他们的"家庭会议"决策不一定会贯彻落实，往往会雷声大、雨点小，起不到真正的作用。

7. 在塑造孩子性格时在细致、坚持、"死磕"精神上会有欠缺

社群型人更"圆融"一些，不喜欢死磕，善于借力处理事情，但对于需要抠细节、需要坚持的事情推动力不够。这一点也会影响孩子的行事风格。

8. 过于强调人际沟通及社会交往，过分担心孩子内向、不擅长合作，担心以后吃不开，或觉得孩子"不懂事"

社群型家长会以己度人地认为正常孩子应该善于人际沟

通。但缺社群型的孩子往往爱独处、不爱交际、不善于合作，社群型家长就会很担心，以为孩子得了"自闭症"或者"社交恐惧症"。

很多社群型家长对此十分担心，总是找机会带孩子出门会人，以期克服"自闭"、社交恐惧，但这样的尝试往往是不成功的，甚至会让孩子很反感。

"我缺社群型的儿子至今不同意我说的人际交往的重要性。他依然认为专业技能最重要！我现在学习了本能类型，也完全理解了我们的差异！"

社群型家长需要"看到"孩子的"内向者优势"。孩子丰富的内在世界和特殊才能，需要社群型家长用心地去发现、支持、鼓励和培养。

注意千万不可强迫缺社群型孩子去社交，或者批评他们"不懂事""不会说话""不礼貌""不会为人处世"等。要鼓励他们把自己专注、感兴趣且擅长的部分对外分享，协助缺社群型孩子通过"才能展示"去打开社交的通道！

"我鼓励上高中的儿子主动分享学数学和物理的经验，告诉他，要打开眼界，你们没有竞争关系，大家一起学习，互相促进，才能更好地成长！"

同时，社群型家长也要给缺社群型孩子一个缓冲的空间，以信任的态度、等待的耐心，尊重他们自身的节奏，给他们一个适应过程，慢慢带动他们社交自信和社交能力的提升。

自保型孩子：自觉自主、渴望被尊重，怕被干涉

自保型孩子的特点

自保型的孩子是很多家长眼中的"模范小孩"。

1. 勤奋努力的乖孩子

自保型的孩子中出了不少学霸。不过，无论自保型孩子学习成绩如何，他们在课业任务完成上都相对自觉，先做作业后玩耍。即便他们没有先去做作业，心里也会一直惦记着这件事，会自动地在脑子里计划，并在规定的时限之前完成！

所以，如果自保型的孩子很勤奋还学不好，多半是缺乏科学、有效的学习方法。

2. 独立计划的好孩子

一旦自保型孩子养成了良好的学习习惯，他们会自己寻找和改进学习方法，自行制订学习、娱乐、运动等计划。对此家长完全不用操心，也不必干涉。

3. 注重干货的好学生

自保型孩子在学习上更习惯于循序渐进，稳步积累。他们喜欢清晰的逻辑和干货，这有助于他们提炼总结。如果老师讲得精彩生动，但并无实质性内容，提炼不出收获要点，他们会觉得浪费时间，担心课程进度，希望老师完成既定教学任务后再发挥。

一般来说，自保型孩子不会有太多问题和"幺蛾子"，但他们可能会不愿意主动求助，想要独立解决问题。

自保型孩子的亲子养育建议

自保型孩子希望家长可以提供充足的生活照顾和安全的环境，并且希望自己可以得到足够的独立空间和尊重，如有困难希望获得实际的支持和依靠。

1. 主动沟通，给予孩子实际支持和实用方法

与自保型孩子主动沟通之前，家长需要先确认他们此时是真的需要你的帮助，你没有打扰到他。主动沟通时要先说事，先帮他解决问题，给予方法，然后再做情感沟通。

2. 家长行动要有规律，有变动提前告知，承诺要认真，说到做到

自保型孩子尤其注重家长的承诺。在家长答应的时候他们一般内心早已有计划。如果家长做不到就直接说，以免让孩子感觉你不可靠、不守信。如果家长总是不规律地出现或消失，最好提前和孩子说好，让自保型孩子感觉到安稳。

家长的计划只要牵涉到孩子的时间安排，就要提前告知，让自保型孩子有一个准备和计划的时间。不要因为对方是孩子而忽略他们的个人安排。

3. 给予独立的个人空间，尊重孩子的学习和生活习惯

自保型孩子渴望有独立、安静的个人空间。如果家长喜欢社交，家里常来客人，隔音效果又不好，他们会感到

私人空间被侵犯。

自保型孩子一般不喜欢个人习惯被干涉。如果家长认为不合理、需要改，一定要耐心讲明道理，并给予一个逐渐改变的时间。

4. 确保稳定有序的生活保障和学习生活环境，但要引导孩子适应、接纳变化和不确定

自保型孩子对稳定性比较在意，所以家长不要经常给孩子转学以企图提高学习成绩。频繁的环境变化可能给他们带来不安感和困扰，反而不利于自保型孩子学习成绩的提高。

家长可以适当引导自保型孩子多接纳生活中的不确定性。做他们的后盾，让他们敢于尝试走出舒适区。

一对一型孩子：随性善变、渴望自由，怕不被爱

一对一型孩子的特点

一对一型孩子是三种类型里最容易让家长头疼的。相对来说，一对一型孩子比较顽皮和折腾，在青春叛逆期更为明显。简单来说，一对一型孩子是这样的。

1. 自由精灵：自由地做自己，情感意义驱动上进

一对一型孩子更渴望自由，崇尚自由地做自己。他们不希望被迫去做不想做的事情。一旦违背自己的心意或者被家长管束、打压，他们便只有用破坏和对抗的方式去释放自己的一对一本能。

他们两极震荡，两极分化。可能是"别人家的孩子"，也

可能会成为"问题少年"。他们可能因为某个原因就"小宇宙爆发"，突然变得勤奋、上进。如果他们发现学习只是为成绩，没有特殊的目标和意义，就觉得没意思，缺乏学习动力。

2. 偏科达人："爱屋及乌"的学习成绩和表现

一对一型孩子在意自己所在乎的人的看法和评价，他们学习上容易偏科。他们还会因为喜欢某个老师而"爱屋及乌"地喜欢他的课，甚至会努力学习以获取这个老师的关注和认可！他们在意的不是成绩本身，而是喜欢的老师对自己的看法。不过，这样也会有风险。如果老师没有认可和"看见"他们，他们就可能会"因爱生恨"，彻底放弃这个学科。

当然，一对一型孩子也可能会因为不喜欢某个老师，而讨厌某个学科。

3. 善变而又专注的"小天才"：要么深深沉浸，要么难以坚持

一对一型孩子可能会有很多兴趣爱好，但也很善变，沉迷一段时间就放弃。他们相对缺乏定力和计划性，容易随心、随性、走极端。

一对一型孩子的能量，在于绽放自己的天性，深入自己的

爱好。他们也很可能因为他们的喜欢而长时间沉浸和投入，停不下来，甚至通宵达旦。

4. 花样"作"家长的淘气鬼：渴望高品质的走心陪伴

一对一型孩子在无法与父母建立连接的时候，可能会搞点事情，呈现很多"不可爱"的行为，比如装病、和同学打架等。有时也会展示一些与年龄不相符合的可爱言行，诸如"哎呀！妈妈，这个笔上的小猫好像在对我笑哎！"等无厘头的表达。

这些行为的本质是因为孩子的一对一本能没有得到满足，他们需要"充电"了。

5. 创意天使：充满创意和想象力，喜欢启发式、激发式、顿悟式学习

一对一型孩子喜欢创造性地学习，有感觉才能学会。启发式、点燃式、顿悟式的学习对他们帮助很大。一旦他们的心和某个学科、某个知识连接上了，可能一下子就全懂了。但如果没有连接上，那么怎么学也学不会。

应试教育少不了死记硬背和模式化训练，这对一对一型孩子来说是不友好的。但是社会需要激情，需要创新。

因此很多一对一型孩子在学校成绩一般，走向社会后却能真正绽放光辉。

一对一型孩子的亲子养育建议

1. 为孩子提供高质量的陪伴，建立牢固的情感连接

一对一型孩子需要高质量的陪伴，需要眼神交流，喜欢爱的语言表达、爱抚、拥抱。家长要用心重视和关注孩子，让孩子感受到你在用"心"和他们交流。切忌一切刻意和不纯粹的"伪陪伴"。例如做他们的监工或者心不在焉地陪伴，实际却在忙自己的事。

建立和孩子的一对一情感连接，要像对待朋友那样对待孩子，用平等的语气和孩子沟通，和他们一起做他们喜欢的事情。

2. 关注孩子的兴趣爱好，并保护他们的梦想

家长要尊重一对一型孩子的自由、兴趣和梦想，让他们"做自己"。如果他们只有"三分钟热度"也不要批判，更不要强迫孩子继续学，一切由他们自己决定。

家长要关注孩子跟老师们能否有一对一的连接。如果孩子对某个老师没感觉、不喜欢，教学效果很难保证。

当一对一型孩子深深投入他的爱好时，可能会忘我地沉浸其中，废寝忘食，停不下来。甚至主次不分，耽误正事。此时家长要理解，仍要支持和耐心陪伴，小心呵护孩子的爱好。

如果一对一型孩子突然对某事失去了兴趣和热情，家长要借此观察孩子的内心，是因为在这件事上没有做出成绩，是没得到他们想要的关注、认可、价值感、满足感，还是遇到了不可逾越的困难，等等。找出原因后，才能帮助孩子度过瓶颈期，让孩子体会到坚持和努力带来的更大满足。

3. 用真心换真心，接纳孩子的小任性和独特的索取爱的方式

家长要深入了解孩子的内心世界，看他们的一对一对象是什么人、事、物，什么才能激发他们的活力和热情。创造机会去激发和点燃他们，关注能让他们兴奋和眼前一亮的人、事、物，及时给他们"充电"。当他的一对一能量满足了，他们才能精力充沛，满血复活，安心去做应该做的事。

用爱和接纳，拥抱一对一型孩子的"不可爱"——对抗、破坏、无厘头搞怪、磨蹭、叛逆、各种花样"作死"……理解这是他们另类的求关注、求连接的方式。切记，当一对一型孩

子最不可爱的时候，往往是他们最需要一对一连接的时候。

不少一对一型孩子很注重"亲手制作小礼物"表达情感，比如亲手制作卡片送给家长。家长要高度重视，给予充分的爱的回应。家长也可以用心亲手制作一些小礼物赠给他们，礼物虽小，能载深情。

另外，一对一型孩子青春期的叛逆可能会更明显，家长需要提前做好心理准备，但这未必是一件坏事。想象一下，如果让一对一型的乖乖仔、乖乖女都在人生步入中年后才发生迟到的叛逆，成年人的任性所付出的代价很可能让人无法承受。

社群型孩子：善于协作、渴望奉献、怕被排挤

社群型孩子的特点

社群型孩子是三种类型里相对最懂事的，有"早熟"倾向，像个"小大人"。这类孩子主要有以下特点。

1. 积极参与各项活动的"社交达人"

社群型孩子往往积极参加学校、班级或同学组织的各种活动、聚会，加入各种兴趣小组，积极担任各种学生干部职务。他们有牺牲和奉献精神，渴望为集体做贡献，渴望在各种文体活动中有出彩的表现，在集体活动中发挥重要作用，追求在同学们中的声望、地位和影响力，在意获得家长、老师和同学对他们的支持和认可。

2. 善于团体协作的"项目经理"

社群型孩子善于集体协作，喜欢联合一群小伙伴一起做一件事，共同完成一个目标。比如他们喜欢拉着小伙伴们一起写作业，平时就会敏锐地关注哪位同学擅长什么，写作业时能有效地分工协作，高效地完成任务。

3. 融入和适应环境的"变色龙"

"近朱者赤，近墨者黑"说的更像是社群型孩子。相比其他类型，他们更爱跟风。人家打网球他就跟着打网球，人家听音乐他也跟着听音乐。学校学风、班级气氛、同学关系对社群型孩子的影响更大。

一旦社群型孩子因为遭遇排挤、群体风气、文化差异等原因不能融入同学群体，他们会变得"反社群"，变得孤僻、内向、不自信、成绩下降，这对他们的成长极为不利。此时家长务必要了解原因，及时更换环境，并给予心理上的支持。

4. 向环境学习的"小观察员"

社群型孩子更看重实践经验和应用智慧。老师在教学中如果能提供更宽广的视野，广泛结合社会现实灵活讲解，就容易让他们有深入学习的兴趣。

不过善于从环境和实践中学习的他们经常比较"早熟"，看起来"圆滑"。这也可能不是一件好事。家长和老师需要理解并予以引导。不只是道理说教，而是在环境和实践的体验中引导。

"我是社群型妈妈。在我社群型儿子的成人礼上，长辈来敬酒，他马上起来双手捧杯回礼，非常有礼貌。我没教他这些，但是看了颇为欣慰。"

5. 众望所归的"小干部"

担任班级职务能大大激励社群型孩子的责任感、荣誉感。当然这个职务需要是正式职位，而非临时性、非正式的。

社群型孩子可能会更积极参加班级干部选举，建立社群自信，并会因为担任职务而对自己有更高的标准和要求。但同时，一旦社群型孩子在竞选中失败，他们可能会受到打击，情绪低落。此时家长不要误解甚至嘲讽孩子是"官迷"，不要因此影响他们的自信，而是要支持他们从落选的阴影中走出来。

社群型孩子的亲子养育建议

1. 给孩子足够大的空间和足够好的社交氛围

家长从幼儿园开始就要尽量给孩子选择气氛和环境好的学校、班级及居住社区。

在孩子年龄小时，家长多组织发起一些"亲子活动"，这样既有利于亲子关系培养，也有利于社群型孩子在规则、人际关系、控场能力等方面的良性成长。

孩子年龄稍大时，家长要给他们广阔、自由的社交空间，并给予适当的经济、人脉资源、经验和方法上的支持，做好援助和善后工作。

另外，如果社群型孩子说要组织同学们去图书馆一起写作业，家长不要觉得他们是在玩或偷懒。这样的学习方式会让他们更有学习动力，也能让他们超常发挥。

家长也可以提早带社群型孩子加入自己的社交圈，扩大他们的视野。

2. 维护好孩子的形象和面子

家长千万不要在外人面前批评社群型孩子，也要留意自己的言行举止是否得体，不要给他们丢脸。特别是在社群型孩子的社交圈中，一些可能遭人议论的"丢脸"行为，会让他们有不适感或羞耻感。

"我最怕我爸爸在外人面前给我拼命夹菜，让我多吃点，要吃饱。特别大家都在的时候，他还抢菜给我，说红烧肉快没了。要丢死人了！"

"我去参加家长会，我社群型的儿子都会做好详细的指引图文，提前画好我的座位标记，免得我在那儿问来问去，他觉得那样很丢人。"

家长要尊重社群型孩子的朋友，尤其他们的朋友到家里时，家长要有热情、接纳的态度。这会让社群型孩子感受到父母的理解之爱。即便孩子真的交了"损友"，在规劝的时候也要讲究方法，不能强硬地予以否定。

尊重社群型孩子组织、安排活动的自主权。尤其是在孩子的小伙伴面前，家长一定要少介入。可以幕后支持协助，但不能公开。

3. 树立他们的信心，让他们走向更广阔的天空

家长要留意，社群型孩子容易"飘"，欠缺细节和精致。要引导他们脚踏实地做事，让他们明白唯有具备真才实学，才能做更大的事。

家长要有意识地培养社群型孩子的社会意识和大情怀，支持、带领和协助孩子参与更大的社会团体活动，例如公益宣传、爱心捐款等。

第 5 章

三种本能类型
的金钱关系

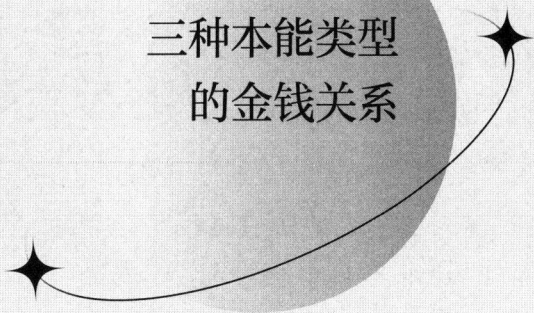

自保型人有一个"财物账本"，

一对一型人有一个"情感账本"，

社群型人有一个"人情账本"。

三种本能类型的人的金钱价值观对比：

自保型人：技能在，钱就来！

一对一型人：感觉在，钱就来！

社群型人：人脉在，钱就来！

自保型人：积少成多地攒钱，钱花在刀刃上。

一对一型人：为感觉和意义、为所爱的人和事花钱。

社群型人：为面子、圈子、社交、排场、身份花钱。

	自保型人	一对一型人	社群型人
消费/花钱	实用且必需，花在刀刃上	为感情花钱，即兴消费，为感觉买单	人情往来，场合消费
预算	计划内慷慨大方，计划外一毛不拔	随性，不精细，根据感觉随时调整	大而化之
赚钱	稳定、持续、保底	需要一个点燃自己的"意义"	一起做点"大事"，顺便赚钱
借钱（出去）	以"不还"为心理准备	要么慷慨大方，要么分文不借	慷慨大方，盲目借钱，导致"糊涂账"
欠钱	很少欠账，确保一定还上	冒险倾向，容易导致债务危机	拆东墙补西墙
算账	计算无大小，一笔一笔清	感情至上，不分彼此	人情账胜过经济账
投资理财	保本、低风险、止盈/止损	偏好高风险，无止盈/止损点	委托专业人士或跟风投资
存钱	存整积累，为家庭"托底"	拼命存钱/花钱	攒钱不如攒关系

自保型"界限分明"：亲兄弟明算账

"该花的一分不少，不该花的一分不花。"

"不需要的东西，半价也是浪费。"

"钱要花在刀刃上。"

"亲兄弟明算账。"

"天上不会掉馅儿饼。"

"勤劳致富，坐吃山空。"

"给就是给，借就是借，一码归一码。"

"欠的钱可以暂时不还，但不能忘记。"

自保型人在金钱上信奉"精打细算，量入为出"，安全、稳定、可掌控就是一切。他们在金钱上也很有界限感，而且不需要刻意计算，对每一笔账就能有清晰的概念。

"在我家是我管钱。我很清楚哪些是替老公保管的，哪些是我可以自由支配的，绝不会乱。"

1. 消费 / 花钱：实用且必需，花在刀刃上

自保型人注重物品的实用性、耐用性、品质和舒适度，而非一味省钱。比如说买衣服，先考虑质地、舒适、耐久，甚至有没有口袋方便装东西，再考虑性价比和好不好看。

自保型人买东西会认真考量是否必需，能否用到，确保买的东西能吃完、用完，不浪费。

"不管谁请客，哪怕是别人，点一大桌菜，吃不完又不能打包，我都有点焦虑不安了。如果差不多刚好吃完，又很好吃，我就很开心。"

同时，自保型人的消费是以自己的消费标准和消费观念为原则进行和贯彻的，消费观倾向于稳定不变。有的自保型人强调节俭，对价格非常敏感；有的则强调品质，对质量、质感非常敏感。

2. 预算：计划内慷慨大方，计划外一毛不拔

自保型人严格的消费计划一旦确定了就会比较坚持。有些极端的自保型人，他手里明明有钱，但是仍然手头非常紧，原因是他自己设定了严格的计划。

一对一型人："哇！这里今天全场五折，半价哦！"

自保型人："不需要的东西，半价也是浪费！"

一对一型人："你太守财奴了吧，你看这裙子打完折才 300 元。"

自保型人："你不是已经有两条这种裙子了吗？走吧！"

自保型人的预算是"专款专用"。一个自保型人说"没钱"不是没有存钱，而是用于某项的预算没了。

"我去年没有报九型人格课程，是因为去年计划用于个人学习培训的额度用完了，只能等到今年报名了。"

如果自保型人突然发现卡里的钱被爱人或者孩子用了，且事先没有打招呼，也不知道消费了什么，他们就会焦虑不

安，因为这侵犯了他们的预算计划。

3. 赚钱：稳定、持续、保底

失业对自保型人来说比失恋可怕太多。一个稳定、持续的经济来源对于维持他们的健康层级非常重要。

自保型人内心总是有一个问题在不停地问自己："如果面临最糟糕的情况，我还能坚持多久？我生活的最低收入需求是多少？这个最低的收入可以满足我／我的家庭一个怎样的生存条件？"

持续稳定的收入是自保型人生存底线的保障。自保型人只有在生存的稳定性被保证的前提下，才能做更深远的思考。

4. 借钱（出去）：以"不还"为心理准备

自保型人可能是所有人中借出钱最少的。由于他们平时相对节俭，且给人一种不愿借出钱的感觉，所以也很少会有人跟他们借。只有很重要的家人和朋友，自保型人才会借出钱。借出钱之前，他们心里盘算过万一这钱还不回来，能不能承受这个损失。如果能，就借！不能，就不借！

有时自保型人做好了对方不还的心理准备，但他们还是希望对方恪守信用。如果对方失信，会让自保型人大大失望。

"如果借我钱的人有钱了，却不还钱。看到他整天吃好的、喝好的、穿好的，买名牌还买新车，但就是不还我钱，那完了，我晚上会睡不着觉。"

5. 欠钱：很少欠账，确保一定还上

自保型人不到万不得已不会向别人借钱。即便是借，也是账户有底，心中有数。很多时候，他们借钱只是打一个时间差。他们知道自己一定可以还上，否则不会借。无论借钱对象亲疏远近，他们都同样有明确的还钱规划。

6. 算账：计算无大小，一笔一笔清

无论钱多钱少，自保型人要一笔一笔清。他们常因为小钱，和他人发生很大的分歧。一对一型人和社群型人认为算小钱，哪怕是提小钱都伤感情，他们喜欢用模糊的方式回报，比如请客、送礼物。但自保型人需要对每一笔账都有个交代，说清楚这件事才算完结。

自保型人和一对一型人是朋友。

有一天中午点外卖，每人一份烧鹅饭，26 元。

一对一型人："你先帮我垫一下，回头给你。"

自保型人："好的，那我一起付 52 元。"

两个月后，一对一型人已经忘了这件事，又在一起点外卖。

自保型人："上次那个烧鹅饭的钱你还没给我吧……"

一对一型人惊呆了："上个月你生日我不是请你吃饭了吗？我们这么好的朋友，你还和我计较26元？"

自保型人："我知道你请我吃饭，但这是两回事，你可以不给我，但我要提一下，你不给我也可以的。"

一对一型人："这点小钱还要提，我真的认清你了。"

自保型人："我不是跟你要，就是提一下……"

一对一型人："26转给你，以后就这样吧！"

对自保型人来说，清晰本身比金额大小更重要。借的就是借的，给的就是给的，不能模糊不清，一码归一码。

至于算账，不要误会自保型人喜欢记账。自保型人随时都在计划，他的脑子是天然账本，心里有谱，根本不需要特意记。

7. 投资理财：保本、低风险、止盈 / 止损

自保型人在理财投资上倾向于保守，追求保本、低风险，他们投资但不投机。而且，他们投资不只止损，还会止盈，主张"见好就收"。他们害怕无休止的欲望会造成失控。这也是自保型人容易在炒股中获利的原因。

自保型人虽然希望在金钱上有保障，但是不指望天上掉馅饼。对于从天而降的意外之财，他们反而会有一些不自在、不安。

"我现在就算中了 500 万元，也会把这钱存起来，继续上班干活，就跟没这回事一样。"

8. 存钱：存整积累，为家庭"托底"

自保型人会倾向于存一大笔钱作为自己和家庭的最后保底，他们称这笔钱为家庭最后的经济保险。

在家庭最关键的时候，拿出平时存的钱，那一刻他们会觉得很轻松、很开心，似乎之前所有的努力和积攒，都是为了在这一刻给予保障。

自保型人在存钱上，喜欢不断积累，存钱的额度会不断提高，且有"整存模式"，不断提高自己的"经济安全线"。

"我大学毕业就存钱。刚开始收入少，哪怕 50 元或者 100 元我也要存起来，我要有一个保障。之前无论存了多少钱，我发现自己一直都很穷，因为一直在存整数，从 10 万元存到 20 万元，再到 30 万元、40 万元。了解了自己的自保模式后我轻松了很多，现在只需要有一个安全线，不再一味地存钱，让自己尽情享受生活。"

我是代买咖啡还是请你喝咖啡

自保型人李梅是一家公司的中层管理。有一次她在点咖啡，下属小米正好看到了，顺口说："帮我也点一杯吧。"然后，旁边的几个员工也一起请李梅帮代点咖啡。但是这些人后来都没有给李梅钱，连提都没有提。这让李梅很不舒服。员工可能认为李梅是领导，请客很正常，所以就没给钱。

后来，李梅为了这件事情和老板抱怨："几杯咖啡我是请得起的，但他们怎么就当成这是我该请的呢？如果我请，我会说清楚，一码归一码，这样算怎么回事。"

一对一型"为感觉买单"：喜欢就会买买买

"赚钱的意义，就是花出去，为了爱的人，爱的事。"

"赚钱不花，就不是你的，等于废纸。"

"感觉对了，就要买买买！"

"爱你，才花你钱！"

"爱都没了，还要钱干吗？"

"不触底，怎么反弹？"

"狠狠赚钱，狠狠花钱！"

"心到，万物生！"

"喜欢你，我白送给你；不喜欢你，我不卖给你！"

一对一型人在金钱上信奉"千金散尽还复来"，感觉在，钱就来了！所以个人财务状况容易大起大落。

1. 花钱 / 消费：为感情花钱，即兴消费，为感觉买单

一对一型人买东西，只要看对眼，有感觉，就容易冲动消费，不看价格，也不看实用性。

"我经常会因为好看就买，为精美的包装买单，而不看产品本身。"

双十一购物节，直播网红带货，商家推出尝鲜版、抢先版、体验版，饥饿营销，找明星做广告代言……这些都能让一对一型人动心。

那么，促使一对一型人瞬间决定购买的心动感觉到底从何而来？可能是产品的颜值高、介绍的图片美、有新鲜感，也或者是感人的文案、走心的故事、导购员恰到好处的服务等一切让他们产生心动感觉的因素。

总之，一对一型人要么是跟人连接上了，要么是跟东西连接上了，要么是跟环境连接上了。无论是哪一种，只要能有一个让他们怦然心动的点，他们的钱就会跟着动。

"之前我看见一家特别的品牌店，门口放着一个很大的宠物狗雕塑，店里所有商品都印有宠物狗的图像，店员讲的创始人和宠物狗的故事，真的很感人，深深触动了我。从此他们家的所有商品，无论是衣服、袜子、鞋子……我都会买，而且买了很多。"

尝鲜会刺激一对一型人的消费，哪怕体验过后证明确实不好吃、不好用，买了个教训，但下一次也还是"不长记性"。

另外，一对一型人在为所爱的人花钱方面，容易毫无界限地奉献和付出，这是他们在金钱方面容易出问题的根源。他们把金钱跟感情挂钩，金钱完全成了爱的表达。在一对一型人看来，钱不能买来爱，却可以表达爱。为爱的人花钱，重要的是花出的钱和拥有的比例，而非绝对值。

"我现在月工资4000元，上个月花3900元给女朋友买了一双她心仪已久的鞋子。如果我月入4万元，我想我会送她价值3.9万元的礼物。无论赚多少钱，爱的浓度不能变。"

一对一型人的逻辑是"爱你，才花你的钱"，那是一对一连接的一种仪式感。如果不是他们的一对一对象，他们可能会不接受红包和钱。比如一对一型人经常说"钱不要了，情我领了"，其实这是对对方委婉地表达拒绝。

找明星做广告代言主要也是为了打动一对一型人。一对一型人会因为很喜欢某个明星而购买这个明星代言的东西，哪怕这个东西未必真的好用、实用或自己需要，他们也会因爱屋及乌而购买。

2. 预算：随性，不精细，根据感觉随时调整

一对一型人的预算随时会因为感觉而调整，那些形同虚设的预算经不起感觉的任何波澜。

例如，哪怕预先定好这次出行的消费坚决不能超过 1 万元，最终还是可能花了 2 万元。外出一圈，花个干净，只留个路费，这是一对一型人经常干的事。对一对一型人来说，如果预算是 1 万元，那么他们可能会觉得 9000 ～ 15000 元都在预算范围内。

3. 赚钱：需要一个点燃自己的"意义"

一对一型人是赚钱高手。他们会以"意义"为动力赚钱。这个意义就是为了爱的人、为了爱的事。他们需要一个能点燃他们赚钱动力的目标和理由。为了孩子、为了爱人、为了父母、

为了自由、为了梦寐以求的手机、为了出国旅行的梦想，为了他们所在意的一切。

一旦有了强大的意义推动，他们就"开挂"了。他们可以奇思妙想、出奇制胜，也可以没日没夜、起早贪黑。这种巨大的动力会让他们有如神助，很快就赚到钱。如果没有那种强烈的感觉、情感或情怀，他们很难有"开挂"的动力。所以，一对一型人不必去算什么财运或求财神爷保佑，不如问问自己什么时候有感觉，有没有一个可以推动自己去赚钱的强烈意义和理由。

4. 借钱（出去）：要么慷慨大方，要么分文不借

在借钱（出去）上，一对一型人对喜欢的人慷慨大方，对不喜欢的人则分文不借；有钱的时候慷慨大方，没钱的时候分文不借。所以，找他们借钱要趁他们在财务的波峰时段，还要关系够铁。

一对一型人经常为爱伤钱。出于强烈的一对一感情而借出去的钱，一旦收不回来，会让他们陷入被动甚至经济窘境。

自保型人："你把钱全借给他了？自己一点也不留？"

一对一型人："是啊，那是我最好的朋友，我还跟我妈借了点，全部给他了！"

自保型人："天呐，现在他破产了，还不上了！"

一对一型人："创业总要有风险。我不后悔。"

不仅如此，一对一型人借钱给一对一对象还经常不打借条，觉得是基于彼此的深度连接和深厚信任才借钱的，但一旦借款人因还不上钱而故意否认这笔钱，"你有借条吗？有约定还款期限的证据吗？"这种话对一对一型人来说是一种双重伤害，既伤了钱，更伤了情。

所以，提醒一对一型人在借钱（出去）的时候需要多一份理性，即便感情再好，也要把握分寸和界限。

5. 欠钱：冒险倾向，容易导致债务危机

一对一型人做事情喜欢冒险。他们喜欢搞大项目，不能不温不火。搞得大一点，才有激情和感觉。但是这样也容易造成财务危机。

不过，一对一型人即便欠钱负债，他们的生活质量也未必下降，照样要过有感觉的生活，甚至可能会用借来的钱保持生活品质。

6. 算账：感情至上，不分彼此

一对一型人对自己喜欢的人很少算账。"我的就是你的"。

他们不太能忍受自保型人的"算小账"。他们以不算小账来表达感情。当然这个"小账"基于他们的消费能力和感情亲密程度。有感情的话我就不跟你算，没感情，我就必须跟你算清楚。

"要好的朋友，一两千都不用算，也不用还；但如果不在意的人，我也很小气，几十元也得算清楚。"

"亲兄弟明算账，那算的是大账，小账真的算不了。要不然还叫啥兄弟？"

和社群型人不同，一对一型人不算小账绝不是因为面子，而是因为感情。

一对一型人在婚姻破裂后，他们常以"净身出户"为荣，以斤斤计较、走法律程序为耻。爱都没了，要钱做什么。这会让他们吃大亏，但他们往往还自认为骄傲和纯粹。

7. 投资理财：偏好高风险，无止盈 / 止损点

对于金钱，一对一型人身上总有一种赌性，所以在投资理财方面倾向于高风险。对于喜欢震荡的他们来说，大来大去才有感觉。

一对一型人特别喜欢蹭蹭蹭上涨的那种刺激感，导致因贪婪而错过及时出场或止损机会。有时候明明已经一再下跌，

但一对一型人的那份"赌性"发作，他们还是会不断补仓。他们期待会有一个大反转的翻盘机会，期待奇迹发生。这也因此给股市贡献了大量"韭菜"。

提醒没有精力去研究股票的非专业投资的一对一型人，千万不要凭自己的感觉和激情玩股票，否则可能亏得很惨。

8. 存钱：拼命存钱／花钱

一对一型人存钱也存在一种震荡性。他们有时候会拼命存钱，但存到一定数额的时候，又会一下子全花掉。一对一型人要的就是极端，他们想看看自己到底能存多少，然后再突然来一个"千金散尽"。

情比金坚

一对一型的小娟，20 年多前遇到了小龙，两人很快坠入爱河。当时小娟还是一个实习生，总共就存了 1200 块钱。知道小龙特别想买一辆摩托车，小娟就把自己存的钱全部拿出来，还到处借钱，凑了几千块钱给小龙买了摩托车。小娟觉得，为了这个感情"我愿意倾我所有"。

他们结婚后，小龙想创业，小娟又不遗余力地支持他。小娟做了两份兼职，经常披星戴月，废寝忘食。为小龙赚钱，小娟充满了斗志。不但如此，她还不惜跟朋友、家人借钱，一度导致自己债台高筑。但为了支持小龙，小娟在所不惜。终于，小龙把事业做起来了。

几年前，小龙做生意亏了，资金链出了很大的问题，他非常焦虑。小娟看他整个人状态很不好，冒出一个既可怕又极端的想法："我要买一个高额保险，然后直接去撞车，这样小龙就可以获得一大笔钱。"当然，幸亏这只是一闪而过的念头。后来在两个人"情比金坚"的共同努力下，渡过了难关。

社群型"人脉就是钱脉"：人在，钱在

"财散人聚，财聚人散。"

"宁可吃大亏，也不伤脸面。"

"人在，钱在。"

"攒钱不如攒人脉。"

"放长线，钓大鱼。"

"伤钱，不能伤脸面。"

"买卖不成情义在。"

"挣钱不重要，重要的是一起整个事儿。"

社群型人信奉"人脉就是钱脉"。相比自保型人喜欢"攒钱"，他们更喜欢"攒关系"。他们认为"财聚人散，财散人聚"。

1. 消费 / 花钱：人情往来，场合消费

社群型人的开销主要用在请客、送礼等人情往来上。他们会用金钱来维护社交关系网络。有事，人可以不到，钱必须到，而且还不能少给。社群型人在请客方面"厚远薄近"，越是外人，越要讲究排场。家里人往往只能"沾外人的光"。

自保型老婆："老三家二宝过周岁，你又出了 2000 元？两个孩子你一共出了 4000 元，我们家有事他们都是几百元，你这样做有必要吗？"

社群型老公："不要算这种小钱，我是老大，不要让弟弟妹妹觉得我们小气。"

社群型人在花钱购物上，主要看能否满足社交需求，是否符合其所在圈子和群体的标准，是否得体、合宜、有面儿。他们可能会为了社交需求而产生低性价比消费，比如突然需要

出席某个高档次的场合而紧急购买昂贵的服装。他们买奢侈品，也常常是受到其所在圈子的影响。

所以，社群型人即便在经济紧张的状况下，也依然会保持其维护的社会阶层的消费水准，这么做是为了能够不脱离自己原来所属的圈子、阶层，而并非是为了物质享受。

2. 预算：大而化之

社群型人的预算比较宽泛，上下浮动空间比较大，可以松动。社群型人常常因为请客时考虑面子而超出预算，尤其是外地来了亲戚朋友，特别是关系不是很熟，又有一定地位和影响力的人。

在社群型人的眼里，他人的评价和场合的需要比预算本身更为重要。过后他们会安慰自己，毕竟认识了某人，或者解决了什么问题，还是值得的，以后自己省点就行了。

3. 赚钱：一起做点"大事"，顺便赚钱

在赚钱上，社群型人不喜欢直接谈赚钱。如果说"我们一起赚个钱"，他们会觉得难为情。他们更倾向于一起做点有意义、有影响力、有社会贡献和社会价值的"大事"，顺便赚点钱。他们可能会参与多个项目，这样可以赢得更多的机会，哪

怕有些项目不赚钱。

社群型人的初心是和一群人在一起整个事儿。他们常常不经过细致而深入的研究，想个大概、拍个脑袋就行动。往往结果不理想，甚至出现被别有用心的人借机把钱顺走的情况。有的投资项目社群型人并不想做，但可能会为了朋友关系、维护人脉或跻身某个圈子而投钱。这往往会给他们带来很大的经济损失。

4. 借钱（出去）：慷慨大方，盲目借钱，导致"糊涂账"

社群型人认为"做人要大气"，往外借钱要慷慨大方。他们对借出的钱不好意思要，甚至还会因为不好意思打借条而被骗钱。

"不少只有一两面之缘的朋友，或者朋友的朋友拉我投资项目，他们描绘得很有前景，我就参与了。最后发现大多数项目都是'坑'，这方面我损失惨重。"

自保型人和一对一型人对于"朋友的朋友"是比较有界限的，但社群型人在借钱、投资上最容易毁在"朋友的朋友"手上，因为他们觉得"朋友的朋友，也是朋友"。

一旦借出的钱人家不还，社群型人在要债方面是最不积极、不主动的，因为这样会坏了名声。很多本来可以要回来的钱，也变得有去无回。这往往会招致自保型家人的不满。

5. 欠钱：拆东墙补西墙

在经济紧张的时候，社群型人也可能会跟过硬的朋友借钱。但由于社群型人的钱经常放在很多项目里，或者借出去收不回来，为了诚信，他们又一定要在规定期限内还钱，于是，只好跟另一个朋友借，先把这个钱还上，然后再想办法把钱补上。所以，经常出现"拆东墙补西墙"的情况。

6. 算账：人情账胜过经济账

社群型人心中的账，主要是人情账。人情比金钱重要。"不到万不得已，轻易不动这个关系""都动两次关系了，这关系就没法动了"是常挂在社群型人嘴边上的话。

对社群型人而言，人情是可以量化的。社群型人喜欢"攒人脉"，真到了自己有事的时候，又不想轻易动用人脉，因为他们认为人脉必须花在刀刃上，自己能搞定的事，能不用人脉关系尽量不用。如果是身边比较重要的朋友需要，社群型人反倒不吝惜动用自己的人脉资源为朋友牵线搭桥。

社群型人的广泛人脉关系往往是"弱关系"，很多是基于资源互换的，而并非是真朋友，并不如自保型人和一对一型人的人脉关系那么"坚挺"。

"我是社群型人。我认为，能用钱解决的事都不是大事；必须动关系解决的事情、牵扯到社交关系的事情才是大事。所以我们家里很多小事情我宁愿自己花钱去解决，也决不动用人脉关系。我不愿轻易欠下人情债。"

7. 投资理财：委托专业人士或跟风投资

在投资理财上，除非是专业人士，社群型人不会亲力亲为，往往没有耐心看繁杂的信息资料，或者为了繁杂的手续而浪费时间，一般会委托专业人士。

出于维护广泛社交网络的需要，社群型人会"分散理财"，但这并非为了分散风险，而是因为朋友很多，盛情难却，索性雨露均沾罢了。

社群型人也会跟风、跟随形势投资。但由于社群型人不聚焦，常常对某个投资项目不是很了解和精通就跟风投钱，往往没什么太好的结果。

8. 存钱：攒钱不如攒关系

社群型重视攒关系胜过攒钱。他们认为，投资人脉比攒钱更有深层的安全感和支持力，也能有更多更大的回馈。

遇到任何瓶颈和难事，社群型人会下意识地组个局，找几个好朋友聊一聊，希望朋友能给自己提供一些建议。"你放心，有什么事你找我，你吱声""有我在你怕什么"这样的话，会让社群型人觉得特别安心。即便事情没有得到实质性的解决，他们回到家也不担心了，还觉得特别有底气。所以，人脉带给社群型人的支持并不一定是现实层面的，而更多是一种无形的、潜在的力量。

社群型金钱观案例

弄巧成拙的答谢宴

社群型的小张常常请自保型的小王帮忙，便想如何来谢谢小王。

于是，小张就准备了一个很隆重的答谢宴，安排了一个昂贵的五星级酒店的包间，开席还有各种仪式和排场，有试酒、试菜等流程，甚至还请了几位有身份地位的人作陪。一道道程序，一次次拍照，觥筹交错，酒贵菜贵。这顿饭足足花了将近1万元，还有很多菜吃不掉。小王觉得这样太浪费了，虽然表面感谢大家到来，心里却闷闷不乐。而小张却全程兴高采烈，不断表达对小王和来宾的感谢。

小王心里暗暗想："你愿意花这么多钱感谢我，还不如打3000元红包来得实惠。"这样的事情频繁搞了几次，小王就不再愿意帮小张了，两个人也渐行渐远。

三种本能类型的人的金钱关系一览表如下。

	自保型人	一对一型人	社群型人
自保型人眼中的他	钱花在刀刃上，爱攒钱，不贪心，经济保底，积少成多	凭感觉乱花钱，赌徒心理，冲动购物，买东西性价比太低，败家	一笔糊涂账，被朋友坑，死要面子不要账，穷大方
一对一型人眼中的他	小气吝啬，自私精明，不敢突破，死守"铁饭碗"	为爱赚钱和花钱，富贵险中求，钱要流动，花出去才是自己的	钱都花在不重要的人身上，为朋友乱投资，胡乱合作
社群型人眼中的他	抠门，只看眼前的蝇头小利，算小账	为爱赔钱，一把好牌打得稀烂，难以合作，瞎折腾	舍得分钱，财散人聚，攒人脉胜过攒钱，伤钱不能伤面子

三种本能类型的人如何建立健康的金钱观

　　金钱观的养成也是一种修行，和成长息息相关。我们已经知道三种本能类型的人对金钱有着不同的价值观和模式，同时也有着不同的执着与盲区，下面就来谈谈三种本能类型的人在金钱主题上如何觉察和成长。

自保型人金钱观的觉察与成长

　　自保型人金钱观的保守倾向会让他们失去太多赚钱的机会。

　　自保型人用攒好的钱来抵御自己和家人所有的不测风云，好像就在等着事故发生。自保型人要留意自己对于生活艰难的预期是对还是错，不必总是用"底线思维"思考最坏怎样，不妨思考思考最好会怎样。

总要为不靠谱或者没饭吃、没钱治病、欠了债的家人托底，自保型人要觉察自己的这种"背负"心理。强烈的"背负"心理会让他们活得很辛苦。

自保型人真的必须"背负"吗？真的要执着于为子女托底、为父母托底、为伴侣托底吗？过犹不及。对"背负"心理过重的自保型人来说，还是要相信生活美好的可能性，在金钱上可以少一些匮乏感和焦虑感，觉察自己对不安全、失控的过分敏感和恐惧，对人生、家人的未来都要有信心！

即便应该省吃俭用、勤俭持家，自保型人也可以允许自己生活得舒服、开心一些。不必无时无刻都"物尽其用"，计划可以有一些冗余，资源可以有一些浪费。金钱不只是物质，不只是生存资料，不只有使用价值，它也是爱的表达方式，也可以因为开心、爱、荣耀这些无形的价值去花钱。不需要太执着于"钱花在刀刃上"，何况有时候是不是"刀刃"也只是自保型人自己的标准。

一对一型人金钱观的觉察与成长

把爱与金钱挂钩，是一对一型人的赚钱动力，也是他们的"死穴"。钱可以表达爱，但钱毕竟不能完全等同于情感、感觉。一对一型人还是要学习自保型人，适当地把钱当作钱吧！

多少一对一型人因为爱而倾尽所有，这值得吗？即便是心甘情愿，抛弃自我，可别忘了我们还有对孩子、家庭和社会的责任。并不是说热爱不可以用金钱来表达，但一对一型人容易走极端，不给自己留退路。

一对一型人的金钱观还会毁于感觉和激情，千金散尽不一定会再来。对震荡的偏好注定了他们在经济上的不稳定。高峰过后必有低谷，因此需要对震荡保持警惕。为避免"激情消费"和"彻底亏损"，可以买一些不动产。

也许这种保底的做法不符合一对一本能要的那份对人和事的纯粹和极致，却是无数血的教训的总结。

社群型人金钱观的觉察与成长

在金钱上，社群型人的"烂账"最多。很多都发生在与所谓的"朋友"的合作里。他们能区分谁是真朋友吗？他们真的有那么多靠谱的朋友吗？他们的人脉资源真的能"包治百疾"吗？

社群型人看重友谊，却会伤害到真正的友谊。真朋友会为社群型人的盲目投资和借钱感到担忧，如果他们轻信那些所谓的"朋友"，反而会让真朋友——尤其是追求一对一深度连接的朋友——寒了心。

同时，请社群型人不要迷信广泛人脉。朋友的朋友，未必还是朋友，很多关系都是基于资源互换的，一旦落难了，没有资源了，也就无法互换。所以还得有一定的自保思维和意识，拆东墙补西墙终有一天会转不开。紧要关头，如果再身无分文，又有谁来为社群型人的经济托底呢？

第 6 章

职场中的三种
本能类型

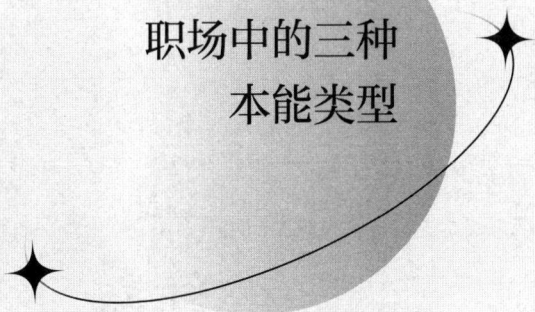

一群自保型人站在那儿，感觉要工作；

一群一对一型人站在那儿，感觉要表演；

一群社群型人站在那儿，感觉要开会。

职场中的自保型——执行者：对事不对人

［自保型人职场经典对白］

"我只有一个人，再多事情我安排不过来了。"

"不要没有预先通知就打乱我的计划。"

"不要给我画大饼，眼见为实！"

"这个不在我的规划之内，你不要给我安排进来。安排进来我也没时间做。"

"不要天花乱坠，一天一个主意，说变就变！"

"你的方案明显行不通，不要再说了，浪费时间。"

"我没有把握做好的事，就会拒绝。这是负责。"

［职场中自保型人的六大关键词］

"稳"——追求稳定可控，持续稳定输出，确保稳定交付。

"实"——务实、踏实、老实。

"省"——为公司省钱。

"轴"——坚持计划，拒绝突然变化。

"守"——遵守规则，信守承诺，思想保守。

"细"——注重细节，精准，显微镜式看漏洞和误差。

自保型人在职场中的典型行为特点

1. 脚踏实地，提前计划细节执行，确保事情稳定可控、成果交付

自保型人是最佳的常规任务执行者。他们不断在努力提升自己的工作成果交付能力。当别人还在激动地勾画未来，自保型人马上就想到操作层面。如果一个项目很大、很有意义，但没有自保型人愿意干，说明该项目还处于概念和蓝图阶段，暂时行不通。

"我最不喜欢领导给我讲一些天马行空的东西，假大空地胡扯。感觉他吹大了，是在给我"画饼"，我不想吃他做的"饼"。除非他能带着我去做到，或者他曾经带别人做到过，光说的我都不信！"

自保型人做事按照轻重缓急有优先次序，不太擅长应对即时、即兴的变化。如果突然一件事情插进来，需要调整原计划，自保型人就相对不能那么灵活地调整。

"我把今天的时间排得满满的，谁突然给我安排别的事，我就会跟他发脾气。"

自保型人经常会设置各种"框框"，如模版、表格、流程等。他们开会喜欢让成员按"要点列表"发言，而很少让大家临场发挥。

如果把自保型人放在一个长期不稳定，一直在变动、冒险、折腾的公司，对自保型人是一种折磨。

"我曾就职于一家初创公司。公司有很多变动让我不适应，比如才定好计划去执行，但执行到一半，领导又开会换计划了。去和领导沟通，希望还是按原定方案，领导说要随机应变。道理我也懂，但总是这样很消耗。我就离职了。"

2. 为"事"托底，追求合理报酬，"向下兼容"，拒绝过快晋升

自保型人职责范围内的事会务必做到，并会客观评估自己的现有能力，不会追求高于他们能力的收入，否则他们会心有不安。同时，他们也希望自己的付出能获得合理的报酬。

"我在人力资源这个行业当中，自认为学习能力还行，在不断成长。公司一直都在给我加薪，而我一直在不断去匹配公司给我的收入。我就感觉总是在被人推，我不想辜负了这个工资！"

自保型人不仅担心责任失控，还担心能力失控，倾向于

"向下兼容"，宁愿做"小庙里的大和尚"，不愿意做"大庙里的小和尚"。明明已经很专业、熟练，他们却还把自己当个新人，认为自己还需要长期的积累和锻炼。其实，在很多基础技能上，他们甚至是超过上级的。

自保型人当然不会拒绝升职，只是不希望晋升过快，超出现有能力范围，以至于无法胜任或者辜负他人。升职当领导后责任变大，更多事情要托底，失控的可能性变大，这会大大消耗自保型人的精力。升职虽然可以加薪，但综合来说，带来了失控的焦虑和过大的责任，得不偿失。他们善于处理事，却不善于和人沟通和谈心。

3. 节约物资、开支，替公司省钱

哪怕只是基层员工，自保型人也本能地帮公司省钱，节约公司的各项物资和成本开支。比如公司里的笔、纸等易耗品要确保"物尽其用"，绝不会浪费。

自保型人会在采购和使用上精打细算，有时本需要"外包"的活儿，自保型员工也会自己承担下来，花了很多时间和精力。如果自保型人做财务工作，那更是会替公司精打细算。

"我是公司财务，总是在规定期限的最后一天给供应商打款。"

4. 具有敏锐的生存直觉，追求职业稳定

自保型人追求安稳，不喜欢变动。如果公司的发展比较稳定，他们也有明确的个人发展规划，一般不倾向于离职，容易成为某个岗位上的"老员工""专家"。

同时，自保型人对风险相对敏感，容易看到公司业务的种种漏洞。他们会不断评估项目是否行得通，是否靠谱。所有不扎实的事情都存在风险，他们会"戴着显微镜看事情"。这是一种基于生存的谨慎。

"我比较容易看到公司业务不行的一面，所以我每次离职半年不到，那块业务就黄了！"

5. 沟通直接、直率，对事不对人

自保型人在工作中的沟通对事不对人，会直接要求、吩咐，有时候像缺乏人情味的"监工"。这经常会伤害其他类型同事的感情。即使与同事关系好，他们也会公事公办，绝不含糊。

"我自保型同事经常命令式地对我说话，像个监工一样，不讲情面。他会说你必须立即把那个一二三四五做好，抓紧时间，务必几点交给我。我是一对一型，他那个语气和态度，哪怕正在做着，我也不想做了！"

与自保型人职场沟通的"地雷"

- 天马行空地"画大饼",泛谈概念和梦想,不落实到具体细节。
- 分内之事打折扣,成果交付不到位。
- 没有预先通知的突然变化,打乱计划,无法准备。
- 不履行约定承诺。
- 承担超出能力和责任界限的事。

自保型人的职场成长建议

找准不足,正视缺点,通过"问题导向",不断完善自我。对自保型人的职场成长,针对以下 4 个方面的不足,提出成长建议。

1. 低估自身实力和潜力,担心无法胜任,不敢冒险和创新,拒绝职业发展新机会

自保型人对"不胜任"的恐惧,可能比不胜任本身更可

怕。这威胁到他们的个人能力和责任的安全感，让他们不敢开始，不敢接手。这就导致很多自保型人没能得到与他的品行和能力相匹配的位置。

所以，自保型人需要从更多的成功经验和他人的认可中不断积累信心。他们需要分清潜力和现有能力的不同。要知道，凡事都有一个发展过程，当前60%的能力胜任也许已经可以开始。

另外，一切求稳是自保型人在职业生涯上的最大障碍，可能失掉很多发展和晋升的机会。

有些自保型人明明有机会去大城市发展，却宁愿安稳在自己家乡的小平台。还有些自保型人，看到公司搞的股权激励，认为不仅不是激励，反而是巨大的失控压力。

建议自保型人不要固守"一亩三分地"，要勇于尝试，挑战更多的可能性。如果是领导者，工作中不要只是自己亲力亲为，而是学习如何去授权他人、管理他人、激励他人。

"我有个自保型员工，工作做得很好。我想给他股份以代替涨薪。我觉得他以前一个月拿几万块钱，现在能够有机会在未来两到三年赚几百万块不是挺好的事吗？他说老板不要谈共享，咱们谈谈工资。我瞬间就反应过来了，其实他内心就想要加点工资。"

2. 被细节卡住工作进程，过度强调"独立"，不求助他人

职场上"死磕"的事基本都会"卡死"。自保型人要留意自己对"无能"的那份恐惧和对独立的过度追求，要主动打破自己过强的边界线。

工作虽然已经分工，但任何工作都服务于整体。从这个意义上说，任何人的工作，既是个人的，也是大家的。求助并不意味着能力不行，也不是依赖和麻烦他人，相互帮助，互相"补台"，正是团队精神的精髓。所以，遇到困难一定要开口。开口求助不仅让事情有更快的进展，同时也是在打开"界限"，放开自己，积极传递"你有困难也可以找我"的信号。

3. 过于直率，直接说事，不考虑他人感受

自保型人需要明白，在工作中，情绪和情感也是一种生产力，太过直率会造成不必要的误解和伤害，反而会损害效率。所以，工作中在直接说事之前，多关注一下对方的情绪感受。原则只有一个，不能变更，但方式方法却有很多，可以灵活运用。坦诚直率是美德，但在不同的场合，"良药"可以是"毒药"。如果自保型人把做事的细心、细致，也放在对人心的把握上，相信他们会更完美。

4. 能用自己，就不花钱，消耗大量时间成本，陷入"艰难模式"

很多自保型人宁愿花费巨量的时间成本，不愿花费金钱成本。比如为了省钱不报补习班，自己硬考，今年考不上明年继续考。

同时，自保型人也容易为公司过度省钱，而公司未必感谢他们，这让很多自保型人感叹："说多了都是泪啊！"

自保型人越是担心自己的财务安全，就越容易走向"艰难模式"：越没钱的时候，越舍不得投钱；但越不投钱就越没钱。这就形成了一个恶性循环。

职场中的自保型人需要反思一些问题：你在什么时候很容易无休止地陷入自我困难模式的泥潭呢？是什么原因导致你不愿意花一点点的金钱换取自己的机会和时间呢？你在什么情况下容易"头拱地"地去干一些艰难的活儿呢？

这样升职，不如离职

——自保型小张的故事

小张是自保型人，工作特别卖力，经常加班，每年能挣很多加班费。由于出色的工作表现，他被领导提拔了，这却差点引发他的辞职。

这是为什么呢？原因是领导岗位没有加班费。虽然升职后工资提高了 5000 元，但升职前他每个月加班费至少能挣 8000 元，升职后拿到手的实际收入锐减，而且责任还大了很多。于是，小张对公司的领导岗位不再计算加班费表示不满，提出离职。

领导找他谈，人力资源部门也找他谈。小张最后就说了一句："如果你们升职前告诉我待遇是这样的话，我当初就会选择不升职。"领导对小张的态度感到很惊讶，认为他很短视，竟然不看升职以后若干年他的涨薪，只看当年的收益。

职场中的一对一型——创意者：喜欢"挑人"，情大于事

一对一

有成果！

没成果……

开挂!!!

挂……

[一对一型人职场经典对白]

"重要的是对这个工作的热爱，薪资不是关键。"

"如果我不想干了，给再高的工资我也待不下去。"

"一旦我觉得这个事有意思或有意义，我就会全力以赴，激情满满。"

"也不看看我是谁？只要你一句话，交给我来搞定！"

"状态好的时候，事情完成得特别顺利，一气呵成！"

"我有一个想法，我们做这个吧，肯定特别好。啊？怎么做，做就行了呀！"

"我心情不好，不想做事情！"

"我很多时候做事，根本没有计划，突然之间想做什么就去做了。"

[职场中一对一型人的六大关键词]

"深"——百分之百地深入自己有感觉的工作。

"挑"——挑人、挑事、爱挑战。

"创"——有创新精神，坚持自己的创意和想法。

"情"——对人、对事投入感情，也容易情绪化。

"反"——有反抗精神，反对表面工程，反对形式化、工具化、强制化。

"争"——热爱与人竞争，无论事情还是他人的关注都要争。

一对一型人在职场中的典型行为特点

1. 不稳定发挥：要么全情投入、惊艳交付；要么无感机械式完成

职场中的一对一型人是超级不稳定发挥型选手。他们有两种工作状态。一种是注入灵魂的，灵感泉涌，惊艳开挂。他们会废寝忘食，全天候沉浸其中，追求极致，催生出另辟蹊径的独创性方案、石破天惊的突破性成果。他们能用"感觉"启动洪荒之力。只要有了感觉，再难也不怕。

还有一种是没感觉、无激情的。此时他们总是"不在状态"，无法投入灵魂，机械式做事。工作容易卡住，停滞不前。就算他们很努力想认真做好，效果也一般。

一对一型人的感觉突然来的时候，就必须马上做事，一气呵成，一直干不能停。只要内心的火点燃了，管它现在几点几分，干！无数出彩的作品和成果都是熬夜熬出来的。他们也非常享受这种"心流"式的工作状态。此刻千万不要中途打断他们，让他们吃饭、睡觉、休息、慢慢来，这会让感觉"断片儿"，就前功尽弃了。

"当我突然很想整理客户资料的时候，我可能会花一个晚上通宵达旦去整理，因为我来感觉了！我就要马上去做！不理清楚，我心里不舒服，睡不着觉。我不要慢慢做，事情并不紧急，但我的状态很难得！"

2. 情大于事：关注职场中的情感连接，喜欢"挑人"

一对一型人在职场中很在意和他们喜欢的领导、同事的感情，如果和领导一对一连接上，甚至可以"士为知己者死"；如果感情出了问题，会影响他们的工作质量。

"A和B说同样一句话，如果我跟A的关系不错，即便他说话的语气跟B说出来的语气一模一样，但A说的时候我会很受伤，B说的时候我无所谓。"

很多一对一型人很难被挖走，就是因为和领导或伙伴们的"感情"。这是金钱无法撼动的力量。

"工作中我最在意情感连接，我觉得这决定我的工作动力。薪资不是最重要的。我喜欢的人说什么话我都喜欢听，如果不喜欢的人，说得对我也会反对！"

同样，对于客户，一对一型人也会有感情和偏爱。他们"公事公办"的态度未必是好事，那意味着他们和这个客户没有任何情感连接。

"喜欢的客户，我会偏心。我会主动加服务时间，还要花自己的钱给她买水果。不喜欢的客户，到点了立刻结束。"

在商业合作中，如果发现了一个一对一型人和另外一个人合作得挺好，风生水起，不要以为他和别人的合作也会很好。想和一对一型人合伙是有风险的，他们跟喜欢的人怎么合作都行，不喜欢的人怎么合作都不行。

3. 竞争意识强，渴望被在意的人特别看见

一对一型人在职场中有必要或没必要的都想争一争。争某个机会，争某个业绩，争一次发言，甚至只是争一个点赞。有时并不是因为这个竞争有什么实质性的好处，而是他们想让某个人看见、青睐或者敬佩。

"如果我做的工作特别好，只要给我点个赞，说你真棒，你比上次更进步了，我的内心就充满了成就感。"

他们喜欢那种"非我莫属"的感觉。如果领导者说"这是一个特别有难度的项目，其他人都很难做好，此事非你莫属"，会大大激励一对一型人，让他们爆发出超常的力量。

职场中的"争宠式竞争"可以刺激一对一型人把活干得更好，但也会带来没必要的职场"内卷"。

"你干得好，我就干得更好；你只交付了PPT，我交付的

不但有 PPT，还有小视频、表格！"

4. 不畏艰难，出奇制胜，创造奇迹和巅峰

一对一型人从来不怕艰难开创、从零开始。在创业初期，一对一型人是开疆拓土的创始人或得力的助手。他们有激情、有情怀、不计得失、火力全开。状态好的时候如入无人之境，能在艰难困苦的环境下迸发灵感，出奇制胜，创造一个又一个"纪录""奇迹"。

然而，一对一型人一旦无法超越自己创造的事业巅峰，就容易走下坡路，进入瓶颈期。如果是别人的巅峰，反而还会刺激他们想要比拼的竞争心和斗志，引起组织的内耗。

"别人能做到的，我也能做到，还可以做得更好！但如果无法超越我自己，我才真的痛苦！"

5. 用意义和情怀点燃心中的火种

一对一型人对工作的意义和情怀有一种神圣的纯粹，任何掺杂了"俗"物、"俗"念的事情，都会影响一对一型人的热情，仿佛亵渎了那份纯粹。

"讲情怀是特别能打动我的。老板讲情怀时，我内心一下子被点燃，热血沸腾。那一刻我仿佛不再是一个普通员工，而

是他的知己和战友。"

他们无法像一个"工具人"那样，只为做事而做事，那是亵渎他们对这份工作最神圣的情感。一对一型人在离职时，已经没有能量了，想要挽回也不可能了。

"如果领导跟我说，你只要完成任务就行了，不用有你的想法。我觉得这是在侮辱我的投入和用心。那我干的这一切又有什么意义？我一下子就没劲了，没动力了！"

与一对一型人职场沟通的"地雷"

- 条条框框的约束，干预创意和想法。
- 让他们感觉没有被"看见"，感受被忽略。
- 不认可他们的创意和想法，不响应热情，或把正燃烧的激情拉回现实。
- 打断他们与正热情投入的工作的连接。
- 为做事而做事，被工具化，否认所投入工作的意义。

一对一型人的职场成长建议

找准不足，正视缺点，通过"问题导向"，不断完善自我。对一对一型人的职场成长，针对以下 6 个方面的不足，提出成长建议。

1. 情绪化

职场中的一对一型人很容易情绪化，显得很"作"，影响工作效率。他们没有自保型人那么稳定，也没有社群型人那么懂事。他们明白职场环境要克制，但感觉不满，仍然倾向于讲出来，不吐不快。

一对一型人的情绪是个宝藏，需要珍惜，但还要管理好自己的情绪，让情绪服务于工作成果，而非破坏工作成果。这是职场中一对一型人的重要修炼。

2. 能量两极分化，工作状态不稳定，想法变来变去

一对一型人是随心、随性的，特别容易受个人状态影响，工作成果和质量不稳定。哪怕以前做成功过的事情，一旦没有

状态照样"翻车"。

一对一型人要客观评价自己的能力，既不要因为来感觉时的"开挂"，高估了自己的能力；也不要基于没感觉时的状态，低估了自己的能力。

同时，一对一型人还需要区分，你所突然提出的想法和点子是要真的去执行的，还是只是一种火花式的兴奋分享。一对一型的领导者，尤其要注意，不要想一出是一出，即兴发散，这很容易破坏工作的稳定性和计划性，伤害到自保型的"老黄牛们"。

"我只是把你们的积极性调动起来了，接下来的事情当然是你们具体去做了！"

3. 不按公司要求，坚持自己的想法

一对一型人常常自己弄一套，付出和投入很多，却并不是老板想要的。就像在别人的公司里创业，领着别人公司的工资，却开着自己的"个人工作室"。还不容任何人干涉，顶头上司都不能过来指手画脚。

这需要领导有多大的胸怀才能容忍一对一型员工呢？这样真的有利于公司吗？一对一型人想要的和公司想要的真的一致吗？其实未必。

一对一型人需要注意平衡公司的利益、领导的需求和自己的创意发挥。要不就出来自己创业，真正拥有自己的一方天地，淋漓尽致地发挥你的创意。

4. 因情废事，影响个人职业生涯发展

一对一型人职业生涯最大的"坑"是"因情废事"，特别是因为办公室恋情。一对一型人可能会为这份感情"扛雷"，扛下经济的雷，扛下政治的雷，甚至扛下刑罚的雷，愿意为对方做一些铤而走险或者是孤注一掷的事情。

而一旦感情出问题，一对一型就更容易来情绪，不管不顾，任性妄为，甚至经常直接撂挑子走人，工作不交接了，工资也不要了，让自己的职业生涯受到巨大的损失。

因此，建议一对一型人在事业上多一分权衡利弊的理智，少一些"因情废事"的冲动。毕竟人生没有那么多"重来"的机会。

5. 盲目追求巅峰，拒绝平淡，善始不能善终

一对一型人最能在艰难困苦的条件下创业，却不太适合守业。

创业之初，他们容易迅速拿到成果。到了后期事业需要稳

定的阶段，如果他们依然盲目相信自己"天才"般的想法，就可能一败涂地。他们喜欢不断超越他人和突破自己，但很难把这种极致作为一种稳定的状态输出。创业巅峰过后，一对一型人必然要面对守业的平淡和无聊。

因此，事业抵达巅峰之时，也是一对一型人最危险的时候。"我连这都干成了，还有什么不可以！"此时一对一型人一定不要得意忘形，否则"开挂"过后常常要"挂"。

惊艳的传奇，不会是常态。当一对一型人遇到瓶颈或走下坡路时，切忌盲目冒险、豪赌。其他人不能陪你赌，你的事业也不能允许你去赌。

让一对一型人负责质变，自保型人负责量变，可能是最佳的事业合作方式。

6. 感觉化"挑人"，偏爱式破格提拔，破坏组织规则

一对一型人在职场或创业中，最容易挑人、挑公司、挑下属、挑客户、挑行业、挑外表气质、挑做事方式。而且他们的"挑"没有标准，也不管已有的标准。

"这样的甲方，宁可不赚钱，我也绝不会跟他做生意！"

如果一对一型的领导认可了某个下属是人才，会全力以赴地支持，给钱，给人，甚至来一个"火箭式提升"。（有时候

确实会让"怀才不遇"的基层员工得到施展才华的机会。）破格提拔也不是不可以，但如果是只凭感觉、好恶，而不是基于客观的才能、制度，那就可能破坏组织秩序和框架。

另外，无论在公司的任何位置，一对一型人都容易和偏爱的人在一起，形成小团体、小派系，破坏组织的团结。

所以，建议一对一型人在事业中理性考量合作，不要明目张胆地偏爱和破格提拔，避免因此带来不必要的损失。

一对一型人的创业

——雄心壮志，因情废事

我第一次创业是和闺蜜一起。她不懂业务，就像一个天使投资人，都是我主导。这让我有了宽松自主和创造性的工作环境。那时候初生牛犊不怕虎，很拼命，我要对得起她的投资。一开始第一家店做得风生水起，很有特色。最重要的是按照我的创意做出来的，我充满了成就感，有点盲目自信，就觉得这个模式可以复制，就开始扩张，做连锁店。但由于我精力有限，也不再能像开第一家店时那样充满斗志和激情，新店很快就经营不下去了。最后，除了第一家店，其他店都倒闭了……

出现这样风险的时候，闺蜜就有点不相信我了，和我说，我给她一种不安全的感觉，我们的合作就终止了。就这样，第一个赚钱的店也开不下去了，然后我把钱都退给了她，真的就是一刀切断。我自己带着损失离开了……

　　第一次创业失败后，我并没有觉得自己能力不够，而认为是闺蜜不再信任我了，我相信只要我在，后面依然可以东山再起。

　　于是就有了第二次创业。这一次是为爱情，和男朋友一起创业。还是以我为主，做我擅长的。当时从公司成立，到产品研发，再到组织架构搭建，都是我一手完成的。那时候我俩的感情非常好，并肩作战，经常一起工作到凌晨两点，事业一直顺利发展。

　　后来，我们两个人感情出问题，我就开始任性了。我想工作就工作，不想工作就不工作。甚至我还甩锅、作妖。很多事情我让他去干，我在这个过程中折腾来，折腾去。最后感情破裂，事业也走到了终点。真的是情没了，事业也没了。

　　经过这两次创业的创伤后，我现在没有创业想法了。我很热爱现在的这份工作，不为友情，也不为爱情，而是为工作本身。

职场中的社群型——资源整合者："用人所长，容人所短"

[社群型人的职场经典对白]

"进了公司门，都是一家人！"

"没有国家就没有小家，没有企业就没有个人。"

"每个人都是公司的形象代言人。"

"要公平公正，把规则放在台面上谈清楚。"

"团结就是力量。"

"用人所长，容人所短。"

"感谢在座的各位给我这个机会。"

"要顾全大局，少数服从多数，个人利益服从集体利益。"

"看一个人，先要看他有没有格局！格局决定一个人的高度。"

[职场中社群型人的六大关键词]

"广"——视野广阔，人脉广博。

"远"——目光长远、战略布局长远。

"大"——有大格局，要干大事，赚大钱。

"游"——为人处世游刃有余，有城府，有手段。

"合"——合作、联合、资源整合、合力、借力使力。

"公"——一视同仁，公平公正，注重公众形象。

社群型人在职场中的典型行为特点

1. 关注社会趋势，有大格局，有长远眼光和梦想

职场中的社群型人有长远战略眼光，喜欢追寻远大梦想，乐于和那些引领社会趋势和顺应时代潮流的人合作。即便只是一个基层员工，他们也希望自己所在公司有宏伟的蓝图、远大的理想、宏大的格局。

所以，社群型人遇到一个新事物或新项目，会自然地从资源调配、长期收益、个人角色和社会影响几个角度思考。

社群型人不会执着于短期利益，不期待今天一起喝个茶，就必须得有实质性的回报。他们认为只要关系在，以后有机会就可以一起合作成就某件事。他们看一个人也是着眼长远，注重未来价值。

2. 整合资源能力强，注重沟通、协调与合作

社群型人具有平台思维、生态圈思维、复制思维和利他思维。

"人脉资源捕捉"是社群型人的重要特性。他们下意识地

捕捉每个人的特点、优势、资源、专业能力，认为要"让专业的人做专业的事"。

当他们要做某件事情时，会为一个共同的目标把所有人整合在一起，同时脑海中会马上想起人脉圈里最合适的人。在他们眼里，每个人都是一个资源连接点，所有人都连在一起，形成一张资源网。

"我想做一个国际合作平台，很自然地想到了身边某个人有空置的房子，还有一位做艺术品收藏的老板需要找销售渠道，另外一个人想办理移民。于是，我就把这些人整合在一起谈合作。有空置房的人以房子入股平台；做艺术品收藏的老板把艺术品放在平台的办公室展示，节省了一大笔软装费用，还显得很有档次，而平台上的客户顺理成章成为艺术品收藏老板的客户。各展所长，各有所得，皆大欢喜。"

3. 洞察潜规则和社交暗示，纵横捭阖，四两拨千斤

社群型人对一个组织或场合里隐隐约约的幕后力量很敏感。他们知道有时候按常规程序走不容易解决问题，就会找到这个组织里的实权掌握者，超越组织的框架去办事。

他们深谙各种社交暗示，关注言外之意，读懂潜规则。这些潜规则决定了他们在某个场合应该干吗，不应该干吗。所

以，同是职场新人，社群型人会显得更为"世故圆滑"。

"比如来到一个会场，没有明确座次，我会根据场合需要选择合适的位置。如果是宴请完客户，我会很有分寸，立马知道哪些人该送到电梯，哪些人该送到楼下，哪些人该送到车上。"

4. 委婉暗示，点到为止，注重"面子""得体"

社群型人对他人潜在意图的觉察力特别强。他们一般很少直接去讲对方的问题，如果讲也会绕一个大圈，点到为止，以为别人也能听懂"暗示"。他们认为说得太具体会失去彼此的体面，是非常低级的工作沟通。

"巡视某个门店，我有时候会亲自做一些卫生和整理，这其实是在暗示他们有点乱了，要搞好卫生。但我不会直接说。"

社交中，有些人的行为，会让他们感觉很尴尬。比如一直不说话或者说个不停、过多表达私人感受和喜好、冒昧地跟重要人物要电话加微信、过于殷勤，或者把私下讲的话拿到场面上说、开不合时宜的玩笑等。如果这是社群型人的主场，他们会认为，这样做就是不给他们面子。

一旦发生这些不得体的行为，尽管社群型人内心十分生气，但又不好意思当面去制止，因为那样更丢脸。他们往往会给对方使眼色、或悄悄地用脚碰对方，希望能够引起对方的注意并收敛。以后但凡有类似的场合，这人再也不会被他们邀请了。

"私下我们可以嘻嘻哈哈，想怎么玩都可以。但场面上要互相尊重，什么场合说什么话。"

5. 重视身份地位、名誉、社会形象

社群型人自己在礼节上很到位。比如收到活动或会议邀约，社群型人会斟酌聚会性质是否符合自己身份，邀请是来自对方老板还是助理，是去做重要嘉宾还是普通嘉宾，是否有与自身身份相符的安排和待遇，并据此做出决定。

"如果是领导、级别相当甚至更高的人和我谈事情，我的投入度就高；如果是级别较低的人，我虽然不会驳人面子，但可能在这件事中就只是充当一个看客而已。"

对正式邀请和正式荣誉他们会更加重视，口头的邀请、认可、感谢只代表个人或者私人交情，而正式的邀请函、荣誉证书则代表一个团体、组织对他们的尊重和认可，是他们可以收藏、纪念、展示的。

很多社群型人在"坐座位"上特别讲究。对他们而言，座位意味着身份、地位与尊严，尤其是在公开场合、人员较多或他们在意的圈子。

6. 重视参与感、归属感，有团队精神，公正无偏私

在社群型人看来，团队等于我，我是融入团队的一分子。他们希望自己在团体中的参与权被尊重，比如作为员工代表参与高级别会议，并有机会提建议、对决策表态。

社群型人喜欢强调"所有人"，在团队中没有偏私，非常在乎团队中的所有成员是否都有存在感，避免任何人被排斥在外的情况，致力于帮助每一个人在集体中感受到参与和归属感。同时，不希望有人在自己的团体中制造分裂，特别是在他们作为主要领导者的团队里。

"不顾大局者，不堪重用。如果不团结，每个人都强调个人，团体就没有凝聚力，无法称之为一个团队。"

他们不喜欢任性、自我、搞特殊化的伙伴。如果和社群型人私下关系很好，他们在工作上可能会更加严格要求；对关系一般的人反而要更显"大度"。所以"大义灭亲"是社群型人常做的。

"我们去搞团建，我们得放下家里面的任何情绪，跟大家一起玩。今天我们是一个团队，目标就是团建。大家都应该参与的事，你说你家里有什么私事或者你要陪男女朋友，不能参加，我很不接受。"

总之，社群型人在意团体的规则、秩序、伦理，天然具有团队精神！

与社群型人职场沟通的"地雷"

- 不分场合、不得体、不合适的言行举止。
- 在公开场合对他们调侃、开玩笑。
- 制造团队分裂，挑拨离间，搞小团体。
- 未给予匹配其身份和地位的礼遇。
- 失去知情权和参与感。
- 个人主义，搞特殊，私事当头，不服从统一安排。
- 听不懂委婉的点醒，逼他们直说。
- 对他们直接指导琐碎的细节。

社群型人的职场成长建议

找准不足，正视缺点，通过"问题导向"，不断完善自我。

对社群型人的职场成长，针对以下 5 个方面的不足，提出成长建议。

1. "抱错大腿，站错队"

社群型人在职场中最大的"坑"是"站错队"。当社群型人感觉自己没有办法和这个世界良性互动的时候，他们都倾向于"抱大腿"。但是抱任何一条"大腿"都是有代价的。十年河东，十年河西，怎么选都可能会导致自己职业生涯的中断。

希望社群型人能够真正相信，自己就是最好的指引，你不需要抱任何一条"大腿"。

2. 重概念，轻细节；放眼长远，近处折戟

社群型人做事喜欢大而化之，善于抓住核心概念，提纲挈领，做大规划、搭大框架，却不擅长落实细节化的执行事务。这往往使得工作在推进过程中卡在细节上，从而付出很大的代价。

尤其是作为职场新人，社群型人常被认为好高骛远，不实在，不落地，可能错失发展机会。其实社群型人如果整合了自保本能，将成为真正的战略家。他们既有战略又有战术，既有蓝图又能落地，既能高屋建瓴，又可脚踏实地，如此必将迈向

事业的巅峰。

3. 参与过多项目，精力分散、不聚焦

社群型人同时多线"投资"，享受的是广泛参与的自豪感，而非仅仅为获得利益。这样却容易分散他们的精力，使他们无法全力以赴，集中于一点，结果往往不够完美。

"我们一帮社群型人开饭店，结果投了饭店以后，就都跑走了，没人管饭店。我们都以为关键的人和资源都找到了，投了就完事了，饭店却因为没人实际执行和干活，很快就倒了。"

社群型人要重视自己在项目中的实力、才能与金钱的积累，不在于量，而在于质。

4. 从众、迎合，难以坚持自我主张

社群型人为了适应场合和团体，总是以大局为先，以他人的需求为先，克制个性和个人需求，很少考虑自己的感受和利益，也容易让自己委屈。

社群型人从众心理比较强，有时候即便明明知道多数人的选择是错的，也要避免分歧，难以做到据理力争、力排众议。

然而，兼顾大局需要审时度势，不能为一时的所谓"团结"而耽误了集体的大事，那更像是"明哲保身"，而非真正为团

体负责。所以当你有不同主张的时候，尊重自己的感受，坚持真理，坚定地表达。

5. 表达过于委婉，让人听不懂

社群型人总是委婉表达、旁敲侧击，一对一型人和自保型人是"真的听不懂"。

其实，直接指出问题对一对一型人和自保型人来说并非伤害，只是伤害了社群型人的"面子"而已。真诚直接地表达，能更好地支持他人，达成共识，有利于职场关系的和谐和良好互动的达成。

强社群文化下，自保型员工黯然出局

我们公司的文化完全是社群型文化。我是社群型人，所以非常适应。在我们公司，基本上"难看"的事情都不会在办公场合发生，也就是很少发生公开冲突。但是我们办公室的门很有趣，你只要看到某个人进去关门了，并进去了很久，那一定是吵起来了。

门虽然关得很紧，但是隔音却没有那么好，里面闹情绪和发生冲突的声音是关不住的。但一旦从办公室出来，上司、下属的脸上都不会有非常明显的表露。外面的整个办公区域是一片和谐的。

社群型的公司在外人看来都是比较光鲜的，看起来是美好的一家人。出了门咱们都是体体面面、和和气气的，进了家门后打起来都行，但是出门不能打。社群型员工都能体会到其中的微妙，但缺社群型的人未必知道发生了什么。

我们公司里有一位自保的姐姐，她应该是社群本能排最后的，在公司里她真是全线"踩雷"。比如说我们要做一个方案，那个自保型姐姐设计的 PPT 模板颜色不太合适，大家说话都不是那么直接，老板也各种暗示，说了各种迂回的话，就差直接说"丑"这个字。自保型姐姐还是没有领会到那个点，最后我们社群型的领导实在是忍不住，只好说了这个颜色要改，否则不好看。(他一般不会说这么明显直接的话。)结果自保型姐姐竟当众反对修改颜色，并据理力争。当时的气氛就很尴尬。

在我们公司，进不进会议室，什么时候进会议室，什么时候出会议室，从来没人说，但是基本上大家还是比较明白的。没有明文规定，全是潜规则，自保型人就"疯了"。他们觉得自己简直就是文盲，察言观色、审时度势，这些真的做不到。后来，那个自保型姐姐就离职了。

第 7 章

本能类型的
健康层级

本能健康层级的高与低

什么是本能健康层级

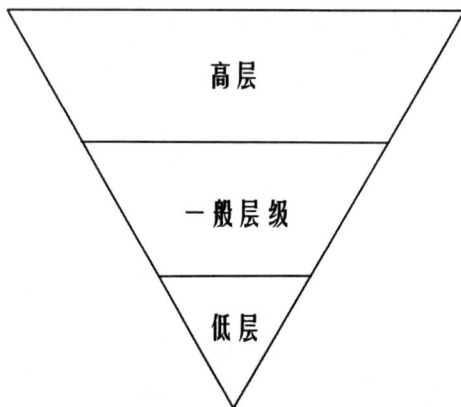

本能健康层级是衡量一个人本能健康程度的重要指标。

无论是自保型人、一对一型人还是社群型人，都有高层（健康层级）、一般层级和低层（不健康层级）状态。即便是同一种本能类型，在不同健康层级下的表现也是截然不同的。

以自保型人为例，处于健康层级的自保型人会创造有序、稳定的工作和生活环境，能有条不紊地安排好工作和生活的一切，把自保本能的优势发挥到极致。

然而处在不健康层级时，自保型人则会过度囤积物品，过分担心身体健康，熬夜，滥用保健品，胡乱投资，无法照顾好自己的生活和工作。

本能健康层级是我们个人修行和成长的通道，学习本能健康层级就是让我们更多地活出自己的本能类型的高层状态。

健康层级的高层和低层

那么，高低层级会有哪些差异呢？我们先做一个简单对比。

高层状态	低层状态
活在当下	充满防御
发挥优势	滥用本能
积极、正能量	消极、负能量
关系和谐	关系破裂
幸福感强	幸福感弱
自我价值高	自我价值低
为他人和社会带来贡献	对他人和社会造成损害

本书主体部分所描述的自保型、一对一型和社群型，只要没有特别说明是高层还是低层，都代表一般层级。该层级兼有健康状态的优点和不健康状态的缺陷。

本能类型的掉层与提层

这里的本能健康层级只代表状态，并不是稳定不变的，而是高低起伏的，可能在一天之内就会有很大变化。从高层下降到低层的过程称为"掉层"，由低层回升到高层的过程称为"提层"。

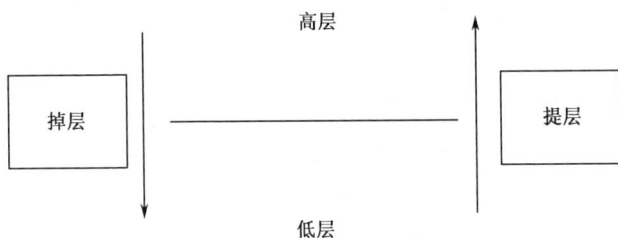

日常的很多事情都会影响我们健康层级的升降。比如升职加薪了，心情一下变得非常好，工作更加努力，家庭更加和睦，大宴宾客……此时我们就提层了；孩子调皮捣蛋了，学校叫家长，心情一下子不好，变得阴沉、情绪化，容易和人发生冲突，此时就意味着我们掉层了。

不同本能类型的人关注的焦点不一样，引发掉层的主要原因也不尽相同。我们越关注什么，就越容易被什么牵动而掉层。

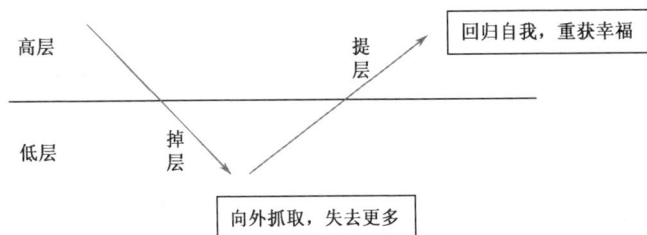

三种本能性格的核心恐惧和主要掉层原因如下。

本能性格	核心恐惧	主要掉层原因
自保	失控	无法交付成果、计划被打乱
一对一	失连	创意被否定、热情被泼冷水、被在意的人忽略
社群	失面（丢脸）	身份、地位没有被尊重，被团体排挤、边缘化

提层包括两种类型：临时性提层和根本性提层。前者是借助外力的，无觉知的，是治标的权宜之计；后者是借助内力的，有觉知的，是治本的根本方法。

即便未学习本能性格，我们也会自动采用临时性提层方法，这是为了应对掉层，让我们不会太难受。通过主动做一些补偿本能的事情来缓解痛苦，有一定的"止疼"效果，但只是让我们缓解"疼痛和难受"。关于临时性提层，我们在后面为每一类型的读者准备了"止疼片"，这只是一些基本经验，建议读者开展同类型共修，创新并更新适合自己的"止疼小贴士"。

这里要说明的是，临时性提层只是权宜之计，治标不治本。本书所提供的"止疼片"也只能缓解掉层的痛苦。

根本性提层则是自我觉察。在后面几节，我们分别针对每一种性格准备了包括觉察清单、自省天问、成长建议三部分在内的成长手册。这部分建议读者个人自修或集体共修，以争取长期持续践行，这可能会为我们的人生带来根本性的改变。

三种本能类型的健康层级与个人的成长修行

自保型掉层：怕失控

1. 自保型人的掉层轨迹与不健康层级

自保型人的掉层是"失控"之伤。

当自保型人稳定的生活秩序被不可控因素打乱，工作开始不稳定，健康出状况，财产低于警戒线，无法预测未来会怎样，也没有能力解决当下的问题的时候，他们就会陷入焦虑状态，开始掉层。

比如一个自保型人因为疫情影响了工作，收入锐减。原来可以按计划定期存款还房贷，现在只能动用已有的存款。看着自己的经济状况越来越不好，还不知道何时是个头，难以对未来做出规划，自保型人会越想越焦虑。然而，焦虑并不能解决问题，反而会使问题变得更糟糕，使他们对工作和生活越来越失去控制。

掉入低层后，自保型人就会慌乱地想一些补救措施，企图重新回到原有轨道。他们可能会"病急乱投医"，容易被骗钱；原本谨慎的他们会冲动、冒险，盲目投资，造成严重亏损。自保本能掉层后，自保本能的过度补偿和无效发挥，使自保型人陷入掉层的恶性循环。

当自保型人处于失衡状态时，他们倾向于歪曲自保本能，变得不能照顾好自己，在外形、体重上也会失去控制。他们常寝食难安，过分关注和纠结于健康、饮食、财产等自保本能领域的问题。

同时，他们也失去了务实能力，变得不会合理安排资金和日常事务，时间、财务和各类生存资源管理很不合理。他们会出现两极表现，如暴饮暴食或强迫性节食、贪睡或熬夜等。他们此时已经完全无法掌控金钱，强烈渴望天降横财，希望身边的人赶紧送来各种自己需要的东西。他们可能还会极端吝啬，变成不可理喻的"守财奴"。

他们也可能突然大肆清理各种不需要的东西，会因为身边人在日常生活中小小的失误而大发雷霆，比如忘记关灯，进屋忘记换鞋，谈笑声音大等。

在最严重的状况下，他们甚至可能故意自我毁灭。**健康层级低的时候，最关注健康和安全感的自保型人反而成了健康和安全感的破坏者。**

［自保型人掉层自救"止疼片"］

那么，自保型人在日常生活中突然掉层了怎么办？根据诸多自保型人的个人经验，我们列举了几点建议——掉层自救"止疼片"，这些方式不能解决根本问题，但可以缓解"疼痛"，为深入的自我觉察和成长作铺垫。

1.吃一顿一直喜欢或平时舍不得吃的美食。

2.购买高品质服务，如一次高水准、高性价比的按摩。

3.在自己的空间独自待着，不被打扰或者睡觉。

4.学习技能知识。

5.数钱，统计自己各个账号的资产。

…………

除此之外，回顾一下，你还有哪些自救经验？可以和其他自保型人讨论，创建并更新自己的掉层自救"止疼小贴士"。

_____

_____

_____

_____

2. 自保型人日常掉层觉察练习

请觉察自己在生活和工作中对"突然失控"或"无法确定"的反应。我们列举一些自保型人常见的"不确定"状况，形成如下的"日常失控清单"。

日常失控清单

1）当你正在做一件事，突然被人打断或干涉时。

2）当事情有突然变化，无法按原计划进行时。

3）因他人原因，预算超支时。

4）当你固定放的物品被他人移动而找不到时。

5）当你夜里失眠、身体不适，而第二天有重要工作时。

6）当你日程已经排很满，别人请你插空帮一个紧急的忙时。

7）晚上9点以后，接到不常见的家人或亲戚电话时。

8）当别人遗忘了细节，导致事情效果打折扣时。

9）当相处很久的亲近的人没有尊重或理解你的重要习惯或要求你改变习惯时。

10）当你按要求、投入精力做的工作，被告知需要返工或者是无用功时。

……………

接下来，请对照清单，问自己下面几个问题，并认真回答：

（1）如果你是自保型人，上面的这些失控状况有哪些是你比较熟悉的？可以挑出来，回忆一下你的第一反应是什么。

（2）除了以上 10 条，是否还有其他让你感觉失控的事？请列举出来。

（3）形成你自己私人订制的"失控清单"，每周阅读一次，看看你对清单里的"失控选项"的反应有没有发生变化。

3. 自保型人走向健康高层的六条成长建议

自保型人要想走向健康高层，获得成长，需要从对"失控"的核心恐惧中走出来，确信自己的能力足以应对变化，也相信其他人已经在用他们的方式在负责，相信团队协作的力量。如此他们就可以更加安心、从容、轻松，无须消耗过多精力，也能带来更高品质的交付成果，享受工作和生活的有序、充实与踏实。

第一、放下过度的焦虑和控制，有容错空间。

自保型人需要觉察自己对安全感和确定感的过高要求。实际上，那些问题本身并不是问题，过度焦虑以及必然带来的过分控制才是真正的问题。接纳变化和不确定性，要有一定的容错空间，不必对未来的每一步和每一个细节都严格控制。

第二、切勿过分独立，及时寻求外援。

自保型人要适当接受有些事确实不能靠一己之力完成的现实，明白这并非你的"无能"和"不胜任"，工作本身就是需要协作的，需要及时寻求外部支持。

第三、放下对计划的执着，拥抱和接受变化。

现实中经常"计划赶不上变化"。自保型人需要判断情况，不要一味执着于快速回到原计划的轨道。自保型人需要学会快速调整，基于现实重新制订计划，并无须为此迁怒他人的"打乱"。

当自保型人相信自己有能力应对变化时，就成长了。

第四、不要急于"解决问题"，接受暂时的"搞不定"。

自保型人有时会遇到凭过往经验难以解决的问题。此时是最考验自保型人的时候。例如身体健康、个人财务或者工作出现卡点，暂时无法解决，此时切忌盲目采取急救措施，要冷静分析状况，而不是被焦虑和恐惧冲昏头脑。厘清问题出现在哪里，是暂时的还是长久的，自己能做什么，不能做什么，就不会被问题困住。能够承接暂时的不稳定，跟随变化及时做出调整，允许事情未完全解决，就是在真正解决问题的路上。

第五、勇于挑战，相信自己的能力和实力。

自保型人需要学会挑战自认为"难以胜任"的事，特别是对那些未做过的事情，不能一味地因为没有把握而不敢冒险。要留意，你总是对自己的能力评估过于保守，其实你比你自认为的更有能力。同时，即便搞砸了也并不丢脸，你也并没有辜负谁的信任，你只是需要一份闯出去的勇气！

第六、意识到他人有和你不同的"性价比"。

自保型人就像是其个人时间、精力、金钱管理的"精算师"，总担心浪费时间、金钱和精力，无论是自己做事，还是帮助他人，总想以最小的成本，获得最大的效果。然而，你要意识到，这只是你的"性价比"追求。不同性格的人认为的成本和效果不一样。同时，你也可以适当放松对"浪费""白费"的恐惧，接纳更多的情感、精神层面的体验。那些无法被你"精算"的领域，常常会带来意外的收获。

自保型人的四句自省天问如下。

你有低估自己的能力和实力吗？

面对变化，你还在执着于你的原计划吗？

你所认为的高性价比一定是对的吗？

你所在意的细节，真的有那么重要吗？

高层状态下的自保型人，脚踏实地、真诚直率、信守承诺、值得托付、务实沉稳、坚定可靠、条理清晰，具有强大的落地执行能力，善于进行计划、理财和时间管理，是社会的稳定基石和中坚力量。

处在高健康层级的自保型人，完全发挥了其本能性格中的优势，是三种本能性格中可以作为支持和后盾的"基石"。

一对一型掉层：怕失连

1. 一对一型人的掉层轨迹与不健康层级

一对一型人的掉层是"失连"之伤。

一对一型人过度依赖于某段关系时容易失去自我，会被对方的一举一动所牵动，他付出得越多，期待就越多，这段关系也就越来越不平衡。当一对一型人没有得到对方的回应时，期待没有被满足，就掉层了。

比如，一个一对一型妻子把丈夫当作自己的全部世界，如果丈夫没有及时响应，一对一型妻子就会失落，推测丈夫是不是不爱她了。于是，她就开始"作"，希望得到关注和重视。但这种做法往往是无效的，甚至会把对方推得更远。对方越没有回应，一对一型人越抓狂，这段关系也越来越消耗彼此。

一对一型人投入、付出很多，期待值很高，这样的关系注定是不对等的，一对一型人注定会失望。所以一对一型人在情感关系中最容易掉层。他们总觉得自己是付出更多的一方，于是掉层后各种抱怨、诉苦、攻击。本来两个人的连接是有的，但一对一型人越是"作"，对方就越是接不住，越是想逃离。最后，感情只会在折腾中消磨殆尽。这就是一对一型人掉层的恶性循环。

一对一型人处于失衡状态下时，他们倾向于歪曲性本能，在亲密关系中完全丧失自我，监控对方，疯狂纠缠和"作"，让伴侣感到窒息。他们会沦为为情所伤的抱怨者和受害者，并因受伤而自我封闭。他们此时变得注意力溃散，心猿意马，精神严重不集中。他们可能陷入对性和亲密关系的巨大恐惧中，切断一切情感连接，人间蒸发，害怕与人深入交谈，拒绝听深情的歌，不看爱情电影，紧闭心门，拒绝开放。他们对自己逃避的东西有一种强烈的恐惧。

不健康状况下，有的一对一型人会过度追求强烈体验、心跳的感觉和虚妄的幻想，会冒无谓的风险，以至于造成巨大挫败。他们恐惧独处，需要强烈的情感刺激，开始滥情纵欲，不断地向外寻求强烈的激情，朝秦暮楚，不断地换异性朋友，可能变得沉迷色情、深陷赌博、嗜酒成性，甚至可能会吸食毒品以求快感刺激，在醉生梦死中自我放逐、自我毁灭。

[一对一型人掉层自救"止疼片"]

那么，一对一型人在日常生活中突然掉层了怎么办？根据诸多一对一型人的个人经验，我们列举了几点建议——掉层自救"止疼片"，这些方式不能解决根本问题，但可以缓解"疼痛"，为深入的自我觉察和成长作铺垫。

1. 找懂自己的朋友深度交流，促膝谈心。

2. 独处，做喜欢的事。例如，听有感觉的音乐，看喜欢的剧，看喜欢的书，绘画、写作、跳舞、做瑜伽等。

3. 立刻主动离开事发现场，到大自然中走走，看山看水。

4. 购买平时喜欢又难得买的美食、首饰、衣服等。

5. 做一次随性、即兴的事，完成自己的心愿，如来一场说走就走的旅行。

…………

除此之外，回顾一下，你还有哪些自救经验？可以和其他一对一型人讨论，创建并更新自己的掉层自救"止疼小贴士"。

_____

_____

_____

_____

2. 一对一型人日常掉层觉察练习

请觉察生活和工作中对"失去连接"的反应。我们列举一些一对一型人常见的"失去连接"状况，形成如下的"日常失连清单"。

日常失连清单

1）你的伴侣或在意的人和异性长时间聊天，且眉飞色舞，意犹未尽时。

2）他人利用你的纯粹、真情实现其功利目的时。

3）你心里最在乎的人，对别人特别是你讨厌的人比对你好时。

4）你在乎的人不回复信息时。

5）你认为的重要时刻，爱人却失陪时。

6）你的用心良苦被在意的人误解时。

7）当伴侣忘记或者忽略重要节日或纪念日时。

8）当你对在意的人的热情和付出遭遇冷淡回应时。

9）当你感觉你的创意、想法被否定或敷衍时。

10）你找不到你正在做的工作的意义和激情，毫无感觉，又不得不做时。

…… …… …… ……

接下来，请对照清单，问自己下面几个问题，并认真回答：

（1）如果你是一对一型人，上面的这些"失连"状况有哪些是你比较熟悉的？可以挑出来，回忆一下你的第一反应是什么。

（2）除了以上10条，是否还有其他让你感觉失连的事？请列举出来。

（3）形成你自己私人订制的"失连清单"，每周阅读一次，看看你对清单里的"失连选项"的反应有没有发生变化。

3. 一对一型人走向健康高层的六条成长建议

一对一型人走向健康高层，获得成长，需要从对"失连"的核心恐惧中走出来，确信关系的连接，确信自己值得被爱，如此才能获得真正的连接和自由而亲密的爱。同时，一对一型人需要拓展自己的生命焦点，从偏爱走向中正，从激荡走向稳定，从小情走向大爱！

第一、在任何关系中都要记得自己，切勿把"失去自我"当成深爱。

关系没有问题，感情也没有问题，"失去自我"才是最大的问题。"失去自我"看起来维护了双方的关系，却并没有换来更高品质的连接。

第二、相信爱，而不是怀疑爱。

你一定要相信自己是值得被爱的，不用靠无休止索取对方的回应来确认爱。一旦你开始怀疑，他人就会远离，无论是友情还是爱情。

第三、连接自己的内心，在情感连接中保持独立，不必把自己扔给某一个人。

一对一型人特别需要觉察自己对亲近关系的依赖，能和自己亲密连接，才能获得真正的自由。一对一型人的高层状态，既是互相连接的，又是彼此独立的。就像《致橡树》里的橡树和木棉，"根，紧握在地下；叶，相触在云里。""仿佛永远分离，却又终身相依。"

第四、"看到"别人有和你不同的爱的付出方式。

一对一型人在关系中最容易"忘我付出"，所以难免以为自己永远是"更爱的一方"，容易导致一种"自我感动"，并因此产生委屈、心苦、被辜负等一系列"受害"感觉。实际上，处于"自我感动"中的一对一型人经常低估甚至无视对方的情感付出，他们有一种排序的执念：我重要，还是××重要？

然而，到底什么才是在意呢？一定要按你的方式吗？你这份爱的效果到底如何呢？对方真的很享受、很被滋养吗？你真的"看到"对方的付出了吗？如果你总是自我感动，则只不过是一种情感层面的自恋。请"看到"别人有与你不同的爱的付出方式。

第五、保持客观、稳定，勿因"感觉"和"状态"产生忽高忽低的自我评价。

一对一型人千万不要做感觉的奴隶。感觉是一种激情，一种催化剂，但它也容易走极端，带来不稳定的发挥、不稳定的结果。因此，一对一型人在做事时需要更客观地评估自己、"看见"自己，在"感觉"的强大助推之外，脚踏实地、稳步积累，创造新成果，达到新高度。

第六、拓宽生命频道，从小情小爱走向大情大爱。

一对一型人的"偏爱"在某些时候容易导致偏听偏信、狭隘、分裂、不公正。一对一型人需要珍惜自己内在的情感力量，这份力量不仅可以用来滋养少数你偏爱的人，还可以发挥更大的价值和能量，去服务更广阔的世界。千万要警惕自己的任性，不因情废公，不因情废事，把自己的内心能量和激情投入到更广泛的志趣、事业、情怀、理想、使命中去，为这个世界注入你精彩的灵魂光芒。

一对一型人的四句自省天问如下。

> 你能区分自己何时没感觉、何时没能力吗？
>
> 你以为的"被否定"是真的被否定吗？
>
> 在感情中，你真的比对方付出得更多吗？
>
> 你认为的没被"看见"，是真的没有被"看见"吗？

高层状态下的一对一型人，心怀敞开、精力充沛、激情四射，充满魅力、想象力、创造力和吸引力，他们无私而无畏，全身心投入人生，有滋有味地活着，绽放生命的光辉。

处在高健康层级的一对一型人，完全发挥了其本能性格中的优势，是三种本能性格中可以作为激情与力量来源的"小太阳"。

社群型人掉层：怕失面

1. 社群型人的掉层轨迹与不健康层级

社群型人的掉层是"失面"之痛。

社群型人最在意自己在群体中的名声、地位、重要度和参与感。当他感觉自己被群体排挤了，被孤立了，或者在群体中的名声受损了，他就掉层了。

比如，一个社群型人在一个他非常在意的圈子里担任重要的职务，他以为自己是核心成员。如果在一个正式活动中，他的座位或席卡没有安排在重要的位置，或者大家开会、聚餐的时候没有叫他，或者很多事情他是最后一个知道，他就会觉得自己被排挤了，不受待见了，此时就会开始掉层。

掉层后的社群型人，对这个圈子也就没那么投入了。但表面上不能起冲突，还要和和和气气，他就变成了"只出工不出力"，看似积极参加活动，积极提建议，但提出的方案往往大而空，无法落地。

社群型人本来是乐于为圈子提供资源、为圈子服务的，但掉层后反而变成向圈子索取资源，不干实事，虚情假意，长此以往也会被看穿。他们在这个圈子里就更加失去人心、失去地位、失去尊重了。这就是社群型人掉层的恶性循环。

社群型人处于失衡状态下时，他们倾向于歪曲社群本能，变得工于心计，假公济私，虚伪狡猾，运用社交手腕操纵群体以满足自我膨胀的心态，维持地位和重要感。他们会运用手头的人脉资源和美丽的说辞来操纵他人追随自己。他们可能会在开会的时候突然暴怒，在众人面前贬低上司的领导能力或说其三观不行，或者让那些不给自己面子的人在社交场合颜面扫地。

在更严重的失衡状态下，他们可能变得社交能力低下，不知道如何与人交谈，变得谨慎敏感，害怕且不相信别人，无法与人正常相处，但又无法断绝社会联系，无力从糟糕的社会关系中脱身。此时的社群型人会变得极端憎恨社会，讨厌他人，可能有各种反团体，甚至反社会的行为。他们会训斥家人不懂事，做人的基本原则和人情世故的正常流程都不懂，给他丢脸；或者抱怨另一半的家族没给他带来人脉资源。他们此刻的语言负面、激烈、强势，带着强烈的情绪攻击性。

[社群型人掉层自救"止疼片"]

那么，社群型人在日常生活中突然掉层了怎么办？根据诸多社群型人的个人经验，我们列举了几点建议——掉层自救"止疼片"，这些方式不能解决根本问题，但可以缓解"疼痛"，为深入的自我觉察和成长作铺垫。

1. 约合适的老朋友聊天。

2. 创造机会，让自己被邀请参加正式活动。

3. 去自己被认可、在其中有身份的场合。

4. 参与团体，做出贡献。

5. 参加有新朋友的聚会。

....

除此之外，回顾一下，你还有哪些自救经验？可以和其他社群型人讨论，创建和更新自己的掉层自救"止疼小贴士"。

_____

_____

_____

_____

_____

2. 社群型人日常掉层觉察练习

请觉察你在生活和工作中对"丢失面子"的反应。我们列举一些社群型人常见的"丢失面子"状况，形成如下的"日常失面清单"。

日常失面清单

1）你的家人或自己人在社交场合自我显摆或有不合适言行时。

2）你最后一个知道本该早些通知你的事情时。

3）有人当众调侃你，跟你开有失身份的玩笑时。

4）出席场合没有受到应有的礼遇时。

5）自己人或者关系亲近的人当众和你套近乎时。

6）有人挑拨离间、分裂团队，或你所属的团体有人被排挤时。

7）家人或自己人享受特权、搞特殊化被大家知道时。

8）在公共场合，家人或者自己人在外人面前说你的缺点、糗事，或直接怼你时。

9）家人或自己人因为私事或不喜欢，拒绝参加集体活动时。

10）自以为初心正确、精心组织的活动，有人却毫不在意时。

… … … …

接下来，请对照清单，问自己下面几个问题，并认真回答：

（1）如果你是社群型人，上面的这些"失面"状况有哪些是你比较熟悉的？可以挑出来，回忆一下你的第一反应是什么。

（2）除了以上10条，是否还有其他让你感觉丢脸的事？请列举出来。

（3）形成你自己私人订制的"失面清单"，每周阅读一次，看看你对清单里的"失面选项"的反应有没有发生变化。

3. 社群型人走向健康高层的六条成长建议

社群型人要想走向健康高层，获得成长，需要从对"失面"的核心恐惧中走出来，相信自己在群体中是被认可、接纳、尊重的，是必不可少的一分子。此时的社群型人更加真诚，内外一致，不为虚名、面子所牵动，更加注重为团体做实事，从而真正贡献更大的价值，获得名副其实的尊重。

第一，放下对虚名的追求，做出实际贡献。

社群型人的核心问题是太在意自己在群体、圈子中的名声、地位、重要性。他们一旦掉层，会把面子看得太重，如此就容易讲排场，沽名钓誉，像个绣花枕头，越来越虚。

然而，没有实际贡献的虚名真的是你想要的吗？社群型人要赢得尊重和名声，需要脚踏实地，加强自身基本功，主动为更大的群体做出实际奉献。如此，他们就提层了。

第二，尊重自己的真实意愿，不必太在意所有人的看法。

社群型人总想赢得所有人的喜欢，无法抗拒众人的期待，顾虑所有人的看法和需求，不仅容易操心过度，影响自己的身心健康，还会违背自己的真实意愿，牺牲自己的应得利益。

有时候，真诚地做自己，捍卫自己的想法和利益，反而会获得更多的尊重和喜爱。

第三，坚信团体对自己的接纳和认可。

只有当社群型人确信自己是被群体接纳的、认可的，是其中重要的一分子，他们的焦点才可以真正放在团体，而非自身，从而不再过度关注自己的身份、地位，而更多地去做对团体真正有利的事情。

第四，觉察明公暗私，在公与私之间保持平衡。

社群型人在意名，从而会下意识地打造一种公而忘私的形象。实际上社群型人明白自己并不是那么"无私奉献"。尽管他们的确想要为团体做贡献，但一旦没有赢得自己想要的，就可能会打着"公"的旗帜去干"私"的事情，而一旦这么做，他们又会恐惧自己被团体边缘化。

社群型人既无须为了博取名声而忘私，也无须为了补偿而假公济私。少一些"暗箱操作"，社群型人会更受欢迎。

第五，包容不同"三观"，方有更大格局。

社群型人往往有自己明确或暗自主张的"三观"，但他们也容易执着于"三观"。他们的"三观"可能会让他们"过滤"掉一些人和团体。请社群型人留意你对某个人或团体的价值观的评判，避免自己失去客观中正的立场和本可以更大的格局。

第六，少一些"大而空"，多一些"小而实"。

脚下的路需要一步步走，社群型人切勿自诩"大手笔"和战略眼光，对技术和具体事物缺乏耐心。大道理解决不了小问题。只有具备真正的实力，才能有效整合人脉，而不是去认识多少"大牛"人物。请在"仰望星空"之余，多一些脚踏实地，多盯着点"小事"，大事更容易落地！

社群型人的四句自省天问如下。

你所坚持的"三观"一定是对的吗？

你想顾及所有人，真的有那个能力顾到吗？

你想要的面子或尊严，真有相应的实力支撑吗？

你所讲究的排场，真的有必要、有价值吗？

高层状态下的社群型人，顾全大局、心胸宽广、举重若轻、审时度势，能默默凝聚和维护团体，宁愿自己吃亏也要确保整体利益的最大化。

处在高健康层级的社群型人，完全发挥了其本能性格中的优势，是三种本能性格中的**"方向引领者"**和**"战略制定者"**。

		掉层	提层
自保型人	心理	不相信自己能力应对变化和不确定状况，担心"失控"	相信自己有应对未来不确定变化的能力
	行为	盲目采取措施，措施无效或损失更大，性价比极低	理性采取措施，解决或缓解问题，性价比高
一对一型人	心理	失去自我，怀疑爱，担心"失连"	与自我内心连接，爱自己，欣赏和接纳自己
	行为	试探、猜忌对方，通过吵架、抱怨、攻击等行为索取爱	信任情感连接，保持彼此独立，从容地去爱
社群型人	心理	被排挤、被边缘化，没有被尊重，担心"失面"	相信群体是接纳自己的，相信自己对群体的价值
	行为	不做实事，假公济私，失人心	真诚待人，大公无私，做实事，得人心

掉层 or 提层：回归自我，重获幸福

无常是常态：接纳层级的起起伏伏

生活中，所有的人和事都可能会影响到我们的状态。每个人的本能健康层级本来就是忽高忽低的。状态好的时候，层级就会高，这叫"人逢喜事精神爽"；状态差的时候，层级就会低，这叫"屋漏偏逢连夜雨"。我们要允许人生中的这种高高低低、起起伏伏的状态，这才是常态。

做性格的主人：掌握自己本能健康层级的遥控器

我们的本能健康层级总是被外在条件所影响。通过外在条件的提层，比如因为升职加薪、恋爱、中奖等而提层，就像

"冲喜"。但是，生活中不可能处处是惊喜，也有惊吓。外在条件能够让我们提层，就能让我们掉层。这种"冲喜"式的提层是无常的，而且是不长久的，没有人知道下一秒会发生什么。所以，状态不好的时候，我们需要自我觉察，自我修炼。"行有不得反求诸己"，调整自己的心态，把本能健康层级的"遥控器"牢牢掌握在自己手中，我们就能成为性格的主人。

掉层是礼物：觉察的好机会

我们都渴望自己的本能健康层级为高层，不希望掉层。然而，掉层也有积极的一面，也是一种礼物。掉层后，我们的状态会变差，但此时是很好的觉察机会。我们要以一种积极的眼光看待生活中的"掉层"，层级就好比一座电梯，我们可以把"掉层"看作下楼拿礼物，尽管这个礼物有点难看。当我们掉到低层级时，不妨静下来，看看我们的内在到底发生了什么。我们是否陷入了本能过度的陷阱？我们是否被性格模式操控了？掉层后的自我觉察能增长个人成长智慧，正如佛家所说的"化烦恼为菩提"。

越过度，越失去：一旦执着，终将错过

每种本能类型的人都是以自己第一本能的需求为信仰的。自保型人以生存和保障等为信仰，一对一型人以真爱、激情等为信仰，社群型人以地位和归属等为信仰。这些被视为生命中最重要的东西，已经融入了我们的本能，因此一旦得不到满足，我们就容易掉层。

掉层的时候，我们会向外抓取，自保型人会疯狂地关注健康、安全、财务，一对一型人会疯狂地纠缠、折腾和"作"自己所爱的人，社群型人则会沽名钓誉，追求虚名和浮华。这些行为只会让我们进入一种恶性循环，我们越想抓取本能类型想要的，就越会过度；越过度，就越容易失去，离我们最初的目的也就越远。

总之，一旦执着，终将错过。当我们想要过度满足第一本能的需求时，它就像手中的沙子，抓得越紧，漏得越多；当我们放松的时候，手中反而能留下更多的沙子。"松动"对第一本能的执着，才能做本能类型的主人，才能不让性格决定我们的命运，我们的生命才会获得自由。

［自我察觉小方法］

（1）每天写觉察日记，坚持 21 天，尽可能记录下自己的层级高低状态，并反思自己每一次状态起伏的背后原因。

（2）回溯自己所经历过的一次较大挫折，回顾自己是怎么面对这个挫折的，当时的内心活动是怎样的。

（3）回顾自己曾经的一次比较大的掉层经历，以及你从中所领悟到的经验教训和智慧。

（4）觉察你在哪一种本能上容易过度，过度的表现是什么（至少列举 3 条），你将如何调整这些本能过度行为。

第 8 章

如何应对本能
过度与缺失

本能过度对人造成的影响

本能健康层级的提升和下降，取决于我们的第一本能是否过度，以及最末本能是否不足。所以本章我们分别从本能过度与不足的角度来谈谈个人成长修行。

如前所述，本能类型对我们每个人的生活都有直接而深刻的影响。本能是如此的自动化，或以悄无声息之态，或以迅雷不及掩耳之势，操控着我们的工作、学习和生活，塑造着我们的人生，以至于我们经常来不及反应，就已经陷入了本能性格的"牢笼"。

过犹不及：执着于本能，神器变囚笼

无论我们是一对一型、社群型，还是自保型，几乎都是一睁开眼就启动了本能模式，并为此投入了大量的时间、金钱和精力，我们对主导本能报以十分的期待，寄托了太多的希望。

遗憾的是，大多数情况下我们的一对一、社群或自保本能却并未给我们带来期望的甜蜜，带来的恰恰是苦涩。这是我们的第一本能（主导本能）过度造成的。

1. 自保本能过度

很多自保型人在生存压力之下，变得更加努力攒钱，疯狂囤积，更加过度地追求安全感，却总是"攒着攒着，窟窿等着"，生活就像在等着灾难发生。甚至有的自保型人即便家财万贯，仍然总是感到很不安全。没钱的时候，他们希望有钱；有钱了以后，又怕好日子不会长久。所以，自保型人总是对钱特别看重。

我认识一位自保型人，他一旦花钱就会感到浑身不自在，会经常因为花钱而掉层，整个人都不好了。你千万别以为他是家庭困难，其实他是个隐形的大富豪，比我们周边的绝大多数人都有钱。但他拥有的安全感和拥有感，远比其他人要少得多。他经常被"今天花了，明天就没有了"的恐惧所操控。

还有一些自保型人天天早睡早起，各种保健养生，喝五青汁，吃人参、三七粉，艾灸、按摩一样不落，但折腾到最后往往不是虚就是寒，各种各样的身体问题总是层出不穷地纠缠着他们。

2. 一对一本能过度

很多一对一型人，或用情至深，为情所困；或纵情声色，浪荡折腾。无论他们看起来多么洒脱，都无法掩饰一对一本能过度给他们带来的沮丧和痛苦。

一对一型人觉得自己要的并不多。他们经常说"有情饮水饱""愿得一人心，白首不分离""择一城终老，守一人白首"，他们常常困惑，为什么自己所求甚少，却依然无法尽如人意。"人生若只如初见，何事秋风悲画扇"这样伤情的诗词便是一对一型人的感叹。

还有的一对一型人，在失去内心感受力和生命活力后，更加频繁、疯狂、执着地去折腾性本能，给人生带来更多不必要的风雨和灾难。

3. 社群本能过度

不少社群型人对人脉关系非常执着，太过在意他们在社群中的地位、话语权，频繁出席各种圈子、活动。他们乐此不疲，最后往往却只体验到了繁华落尽的失意，曲终人散的落窦，以及关键时候举目皆是泛泛之交的伤痛。

还有一些社群型人担心被边缘化、失去地位和归属感，他们就会更加不着家，积极出入各种圈子，参加各项活动，等等。结果却是，他们变得不接地气、沽名钓誉，最终落得人财两空。

总之，社群型人请客花钱、攒局操心、讲排场、搞项目，心思没少花，费用没少投，到头来却落得两手空空。这让他们十二万分想不通。

以上种种现象，给我们一个感觉：人生像是一个怪圈，走来走去，还在圈里；人生又似迷局，耗时费力，百思不解其意。

失去觉知，天赋沦为天坑

自保型人按理说应该身体健康、长命百岁，过度自保反而导致焦虑艰辛、体弱多病。

一对一型人按理说应该花好月圆、百年好合，过度关注却导致花残月缺、万箭穿心。

社群型人按理说应该有口皆碑、功成名就，过度社群却导致沽名钓誉、声名狼藉。

不匮乏、不执着，就不会过度，不"作"就不会"死"。我们在各自的本能里伤痕累累，不堪重负，也无法解决问题。现在我们要思考：为什么天赋、资源、"神器"会变成问题？

三种本能一开始都是解决我们人生问题的"能手"，后来却变成了制造问题的"专家"。这就意味着，我们对自己本能的管理水平下降了，忘了我们的初心是要发挥本能来解决生存和发展问题，是我们用力过猛，太执着，最终在本能过度里迷失了自己。

三种本能的天赋和天坑如下。

	自保本能	一对一本能	社群本能
天赋 （正常发挥）	务实沉稳、条理分明、勤奋认真、踏实可靠、执行力强	激情活力、个性魅力、想象创造、深度连接、纯粹投入、积极体验、挑战、突破、创新	团体纽带、审时度势、胸怀格局、着眼长远、整体视野、社会使命、资源整合
天坑 （扭曲滥用）	担心失控、过度担心财务和健康、过度囤积、抗拒变化、顽固、病急乱投医	瞎折腾、走极端、纵情声色、疯狂纠缠、丧失自我、心猿意马、自我放逐	虚伪狡猾、假公济私、沽名钓誉、操纵团体、两面三刀、口蜜腹剑、反社会

驾驭三种本能，拥抱自由幸福

如前所述，我们常常会过度使用三种本能，企图搞定生活、情感、事业上的各种问题，拼命努力去实现人生在三种本能领域的满足，然而总是过犹不及、事与愿违。如果我们真的是想通过一对一、自保或者社群本能去实现美好人生的话，首先要做到的是带着觉知的克制，这样我们就有了深入了解自己的本能类型的可能。

一旦开始深入了解它，我们就会理解它、欣赏它，不是沉溺其中，而是重获自由。当我们开始成熟时，就会克制自己的本能，如此我们的人生才真的会问题很少，成果很多，这就是"不忘初心，方得始终"。

所以，有觉知地使用三种本能模式才是方法背后的心法，唯有用心觉察本能模式，才能让三种本能更加平衡，更有效地去解决我们人生中的种种问题，走向人生的丰盛和圆满，并在此过程中领悟和收获生命的大智慧。

缺失某一本能，如何提升整合

除了对主导本能过度的觉察，我们还需要关注本能结构中排序最后一位的"失落的碎片"，那是我们相对最弱、最欠缺的本能，称之为缺自保、缺社群、缺一对一。

缺失的本能并非没有，而是被遗忘了。它是我们生命中的盲点。我们经常意识不到它的重要性，甚至从价值观上就有些不屑，对其嗤之以鼻。所以缺失本能常常发展得最不充分，就像一块一直不用的肌肉，总是缺乏锻炼，就强壮不起来，就难以发挥作用。本能的缺失会带来一系列的问题，让我们成为某个领域的"文盲"。

缺自保本能的人往往不善于计划，不清晰细节，大而化之，不能脚踏实地。他们很难体会人与人之间的"那种界限"。

缺社群本能的人往往不善于观察"场"的动态，一开口就容易不合时宜，他们很难体会人与人之间的"那种氛围"。

缺一对一本能的人往往不善于亲密表达和连接，难以表达内心深处的感受。他们很难明白人与人之间的"那种感觉"。

当我们长期处于需要激发我们缺失本能的环境的时候，我们会感觉到"耗电"，就好像缺社群型的人身处一群陌生人的正式环境，缺自保型的人要面对一堆"鸡零狗碎"的细节、计划和列表。我们对自己排序最后的本能不但最不感兴趣，也最没有信心，而且会有一种莫名其妙的羞耻感。然而，这种不用的本能，总是不定期地给我们带来很多麻烦，导致事业的瓶颈或情感的障碍。一旦我们缺了某种本能，我们就很容易去批判、压抑这种本能，以掩饰我们在本能上的不完整和失衡。

三种缺失本能的简述和觉察成长点

1. 缺自保本能的人

缺自保本能（自保本能排序在最后）的人容易忘事，缺乏独立性，总是过分依赖自己的迷人风度、点燃人群的能力；他们常大而化之，魅力四射，往往有强大的社交关系网，心态相对年轻，拥有青春不老的"自由灵魂"；他们想要人前的闪亮，却忍不了幕后的琐碎。对他们而言，迷倒众生易，脚踏实地难！

缺自保本能的人千万不要觉得衣食住行是小事，自己的价值在于做那些大事。并非任何时候我们都可以让别人来解决具体问题，在很多关键事情上我们必须有亲力亲为的能力，不能总是请人代劳、依靠他人、授权他人，过于依赖自己的人脉和社交网络。

缺自保本能的人的成长点就在于沉下心来，保持人际关系界限，发展你最弱的自保本能，实实在在地做一点事，多关注与人际关系无关的具体做事的细节，有更多的落地意识，看到"打地基"的艰辛和不易，凡事不要想当然，不要总以为只要搞定人就可以搞定事，尤其不要轻视或忽视那些看似琐碎的"小事"。要知道，所有的大事都是由小事推动的。蚁穴虽小，可溃千里之堤。

缺自保本能的人经常批判自保型人"小题大做""固执死板""小气""抠门""格局太小"，他们需要更加关注自己做事（与人际关系维护无关的事）的实际品质，脚踏实地地提高工作质量，不要把精力都消耗在笼络人心和勾画宏大概念上，多关注个人身体和财务状况，发展自己的一技之长。万丈高楼，一砖一瓦累之，任何宏大的项目和远大的梦想都需要持之以恒地精耕细作；花红叶绿，只因根的扶持，默默无闻地努力，才能支撑得起你在众人面前的那些信誓旦旦的宣言。

2. 缺一对一本能的人

缺一对一本能（一对一本能排序在最后）的人总是少说废话、按部就班、实用导向、现实主义，有强烈的个人及社会责任感。他们实际上为自己所爱的个人和团体做了很多，但是缺乏情感的交流和表达，以至于别人根本收不到这份沉甸甸的爱。

缺一对一本能的人容易活在某种旧的、固定的模式里，他们容易因循守旧，难以突破既定框架，缺乏创新。他们总是觉得自己缺乏魅力和激情，即便和自己最亲密的伴侣，也难以做到浪漫和亲密，"无趣"到无可救药。他们希望自己能成为"有用"的人，成为务实的、具有实际价值的人。

他们经常理直气壮地批判一对一型人太"作""夸张""炫耀""讲废话""矫情""瞎折腾""事儿多""浪费时间""玩虚的"，却不知，他们需要做的，正是整合自己的一对一本能。那些"废话"和"虚的"情感的表达，那些看似浪费时间又"无用"的陪伴、连接，会让自己更有"人情味"。他们要明白那些情感连接的重要性，不要总是把一切都理性地当作事情去办，要看见务虚的重要价值。很多"没用"的事其实非常滋养内心而又弥足珍贵。

同时，缺一对一本能的人也要提醒自己，不要总是活在那些既定框架、责任、义务里。人生不需要那么沉重，允许自己适当放飞，释放自己的激情，任性一把，不必担心自己会"脱轨""不负责任"，跟随自己的内心感觉，让你的人生有惊喜、有趣味、有突破，更加有滋有味、多姿多彩。

3. 缺社群本能的人

缺社群本能（社群本能排序在最后）的人往往缺乏合作意识和人际沟通技巧。他们有强烈的自我意识，容易恃才傲物，在意"真实""做自己"，有个性，容易不合群，觉得自己不需要别人，别人也不需要自己。

他们很难做到放松自然地在公众面前发言，不关心自己如何融入更大环境，也不关心别人如何看待他们。由于社群本能最弱，他们缺乏一种对环境的观察力，常不清楚自己的言行举止对周围的人和环境究竟有什么样的影响，也不知道如何让自己及自己所做的一切被人群接受。他们很难读懂社交暗示，在社交场合容易说出不得体的话，常因表现过度、举止失当而引致尴尬，甚至会有让人觉得不懂事的"失礼"。缺社群型人为避免暴露自己的缺陷，避免犯错误带来的社交羞耻，总觉得"我为什么要认识那么多人呢？人生得一两知己足矣"。

如此一来，就容易作茧自缚，把自己锁在小世界和小情小爱里，凡事只靠自己和关系亲近的少数人。靠一己之力或自己的熟人圈活着，等于把自己关进一个熟悉的"牢笼"里，会视野狭隘，阅历贫乏，大大限制自己的发展，也难以锻炼自己的社交技能。

缺社群本能的人经常理直气壮地批判社群型人"肤浅""缺乏深度""假大空""虚伪的客套""无聊""浅薄无知""浪费时间的无效社交""搞关系上位"，等等，容易给人一种"生人勿近""清高孤傲"的感觉。缺社群型的人需要"看见"社群本能的重要价值，"看见"社交、共享、合作、资源整合的价值，走出狭窄的小圈子。在我们的一生中，除了熟人、亲近的人，生人也具有相当重要的价值。

缺社群本能的人需要有意识地多多观察他人，并融入人群，关注更大的环境，拓宽视野，培养社交敏感度，"看见"自己和环境的交互关系，学习如何让自己被群体所接受，有意识地借助更广泛的人脉，事半功倍地实现人生目标。

缺失本能的成长修行之道

缺失本能的成长，关键是对缺失本能的心态调整，提升对缺失本能的意识，放下不屑和评判。同时，尊重本能排序，借助第一、第二本能的力量来提升、整合缺失本能。

1. 提升意识，放下评判

对于缺失本能的成长，也许心态比行为更重要。我们并不需要刻意去增加缺失本能的行为，比如缺社群本能的人为了所谓成长逼迫自己去社交，或者缺自保本能的人为了成长逼迫自己去每天记账，缺一对一本能的人为了成长要去做亲密或刺激的行动，这是绝不可取的。事实上，我们仍然要优先关注和满足我们的主导本能，那是我们的"充电"本能，而缺失本能则是我们的"耗电"本能，如果不充电，"硬补"耗电本能，过程会很痛苦且无效。

所以，缺失本能的成长在于改变心态，觉察你的不屑，松动你的评判。一个比较好的方法是，你可以尝试和与自己相反本能的人去相处，去看看你对对方的"看见"和接纳程度。

当一个缺自保本能的人不再评判别人"小气""抠门""小算盘""格局太小"，而开始意识到人际界限，关注那些与人际关系无关的做事细节，就能从大而化之、迷倒众生、魅力四射到脚踏实地提高工作质量。

当一个缺一对一本能的人不再评判别人"矫情""事儿多"，也许就会发现，那些看似浪费时间又无用的陪伴、连接、表达，会让自己更有"人情味"，让生命增添色彩，是那么温暖和弥足珍贵。

当一个缺社群本能的人不再评判他人"肤浅不深刻""装""打官腔""虚假""搞关系上位"……而是看到社交、共享、合作、资源整合的价值，也许就能拓宽视野，借力发力，事半功倍！

2. 尊重你的本能排序

在察觉、改变自己的时候，我们仍然要尊重自己的本能排序。

一个缺自保本能的人，当他们看到做事的意义、情怀、格局、信仰，他们才有动力去操作琐碎的计划和细节。

一个缺社群本能的人，当他们看到有主题、有兴趣、有深度、有"干货"的社交场，他们才有动力去参与。

一个缺一对一本能的人，当他们有了解决实际问题的方法，他们才有动力去聆听情绪倾诉和建立深度连接。

所以，最末本能是通过前两个本能实现的。

缺自保本能的人可以在满足纯粹信仰和格局的事情上关注细节。

缺一对一本能的人可以把情感上的深度连接作为自己的问题解决方案的一部分。

缺社群本能的人也可以通过分享、交流感兴趣的专业知识去参与社交。

做到这些，你会发现，自己的世界打开了一扇明亮的窗，你离成为"三栖明星"更近了！

致谢

每一本书的完成，都是许多人共同努力、很多爱共同汇聚的结晶。这本书的创作对我而言是一个全新的挑战，也得到了众多贵人、朋友、学员的帮助和支持，在此我想表达发自内心的感谢！

首先要感谢我的好朋友王子文。她非常认可我"坐冷板凳"深耕十多年的九型人格和本能性格研究，但同时她认为仅仅靠专业化传播无法惠及大众。她从使命感的高度，多次建议我将本能性格"出圈"，一直大力鼓励我写一本通俗、大众化的性格书，去支持更多家庭、更多人的幸福。可以说，如果没有她的感召，这本书的问世至少不会这么快。

同时我还要感谢著名心理学家武志红老师。在去年的一次会面中，武老师特别认可我的性格分析体系，并现身说法，给我讲述他自己的创作过程，鼓励我将复杂、深奥的理论通俗化、普及化，从小众到大众。我在他们的鼓励下，开始了这本书的创作。

我要特别感谢的是经王子文引荐的出版界大神、天演文化的吴燕恬老师，本书的策划人。她非常看好本能性格的普及，并在百忙之中亲自负责本书的策划。这本书的定位是面向大众的，需要把大量专业的学术内容通俗化，这对我来说是一个全新的挑战！整个写作过程中，我几易其稿，大量内容需要推倒重来，多少次卡住，完全写不下去。正是因为有了燕恬老师的鼓励和指导，我才能一次次"满血复活"，最终完成本书的创作。

此外，还要特别感谢天演文化的林荫老师。在我写作本书的两年多里，她对本书的创作进行了精细、持续的支持和反馈。同时，也要感谢天演文化团队的阳阳等其他团队成员，以及天演品鉴会的品鉴官们（排名不分先后）：Mia、KK、武佳佳、肖庆兰、陈军娟、谢乐静、赵卓娅、于卉、刘俊峰、付丹、王若梅、魏广侠、丫头宝宝、陆贝旎、杨奎妍、邢沛金、李成、宋晴怡、杨芹、苏容、赵淑雅、小宅、潇湘慕御、谢芸、何艳、武兵兵、王瑛、宋晓明、盛健睿、褚靖雯、黄晓静、李林恰、周海东、杨方、黄松、杨伦、王书佩、洪海燕、周勇、高春燕、唐丽淑、谢佳瑜、陈志森、杨景远、周艳、金会、黄跃忠、小可爱、郑欢恬、蒙冬梅、李朝露、黄穗东、邬吴丹。

另一位我需要特别感谢的是周虹老师。她以大众读者的视角，给予我写作本书的大量架构布排建议和反馈意见，主持了这本书的无数次讨论、征集意见会，以及花大量时间和精力做了逐章逐节的删减，为本书的通俗化做了巨大贡献。

此外，还要感谢九芒星导师班的陈扬，感谢他在这本书的早期创作过程中的理论、案例的搜集、整理和编辑工作。

在本书写作中，我也得到了九芒星九型人格体系的老学员和广大九型人格爱好者的支持。他们无私地为本书提供了真实、生动的真人案例，并为本书的一次次修改和完善提供了宝贵建议，为本书的完善做出了重要贡献。我列出他们的名单，以表感谢！

自保型部分——鲍俊伊、王将、尤扬、刘大鹏、周志娜、王乐凯、朱杰、朱旻、马丽、周艳、阎渝锦等。

一对一型部分——吴文苑、许肖楠、李沧海、周颖、张浩、邬吴丹、胡娟、林丽、张燕、王瑞珍、刘志玲、冯绍茹、刘媛、李光梅、崔萍、杨晓艳、吴妍臻、孙立霞、洪海燕、欧琳娜、王方、李小红、章淑艳、刘亚君、高爽、戴森、蒋倩等。

社群型部分——殷熔、刘立欣、肖泳霖、赵淑雅、陈美玲、王婷、程芳、谢佳瑜、王磊、孙武、杜丽君、周海东、罗广伟、朱桂红、孙洋、陈改霞、杨芳、谢诺亚、葛玲侠等。

当然，还有很多对本书创作做出直接和间接贡献的人，名单难免疏漏，在此一并表达感谢！

最后，感谢本书的插画作者阿乔，她是一个聪慧、有创造力和富有灵气的女孩，她为这本书绘制了很多有启发性的插图，增强了本书的可读性和传播效果。

最后，感谢所有支持、关注以及阅读本书的朋友，你们能受益于本书，将是我莫大的欣慰！

裴宇晶

2023 年 8 月